21世纪高职高专系列教材

设备拆装与维护实训

SHEBEI CHAIZHUANG YU WEIHU SHIXUN

黎伟泉 / 主编

华南理工大学出版社
SOUTH CHINA UNIVERSITY OF TECHNOLOGY PRESS
·广州·

图书在版编目（CIP）数据

设备拆装与维护实训/黎伟泉主编. —广州：华南理工大学出版社，2012. 5 （2018. 8 重印）
（21 世纪高职高专系列教材）
ISBN 978-7-5623-3640-2

Ⅰ. ①设…　Ⅱ. ①黎…　Ⅲ. ①设备-装卸-高等职业教育-教材　②设备-维护-高等职业教育-教材　Ⅳ. ①TB4

中国版本图书馆 CIP 数据核字（2012）第 049330 号

总 发 行：华南理工大学出版社（广州五山华南理工大学 17 号楼，邮编 510640）
营销部电话：020-87113487　87111048（传真）
E-mail：scutc13@scut.edu.cn　　http://www.scutpress.com.cn
策划编辑：吴兆强
责任编辑：易翠娥　罗月花
印 刷 者：虎彩印艺股份有限公司
开　　本：787mm×1092mm　1/16　**印张**：8. 75　**字数**：219 千
版　　次：2012 年 5 月第 1 版　2018 年 8 月第 3 次印刷
印　　数：3 501～4 500 册
定　　价：17. 00 元

前　言

本书分三部分，第一部分为普通车床拆装与维护实训，内容包括C620普通车床维护、主轴箱、进给箱和常用机械零件的装配与拆卸等；第二部分为化工设备的拆装实训，内容包括离心泵、往复泵、气动隔膜泵、调节阀拆装、换热器拆装、鼓风机拆装和管路拆装等；第三部分为塑料模具拆装实训，内容包括模具概述、注塑模具和模具拆装实例等。

本书适合于高职高专或技工学校机械类、化工类以及模具类学生的拆装实训，图纸直观，任务、目标明确，考核具体明了，操作性强。通过实训，使学生容易掌握车床、化工设备和注塑模的结构和维护。

由于编写时间仓促，本书难免有错漏，望读者和同行批评指正，谢谢。

编　者

2012年4月

目　　录

第一部分　普通车床拆装与维护实训

第二部分　化工设备的拆装实训

第三部分　塑料模具拆装实训

第一部分　普通车床拆装与维护实训

实训一　C620 普通车床维护

知识目标：普通车床一、二级保养内容和要求
能力目标：掌握一级保养的项目以及操作
实施建议：课室、现场或视频讲解
项目考核：齿轮中心距、拖板间隙精度调试或拆装，尾座拆装

项目一　车床保养

任务一　三爪卡盘

（1）拆卸卡盘。拆卸卡盘之前，首先在主轴上穿上一条棒料，然后拆下卡盘固定螺母后转动法兰，棒料和卡盘一起抬下。

（2）分解卡盘各件，清洗加油，要求三爪活动灵活。

（3）卡盘安装。方法与拆卸卡盘顺序相反。

任务二　挂轮箱

（1）拆洗挂轮及挂轮架并检查轴套有无晃动现象，对异常现象进行调整。

（2）安装时，调整好齿轮间隙，并注入新油脂。

任务三　尾座

（1）拆、洗尾座各部分。第一，固定尾座；第二，拆下套筒固定手柄；第三，拧松手轮固定螺母、手轮、半圆键；第四，拆下尾座端盖后取出推力轴承；第五，推出或轻打敲出套筒；第六，取出螺母并清洗各件。

（2）清除套筒研伤毛刺，检查丝杆、螺母间隙。

（3）尾座安装，要求达到灵活可靠。

①试装套筒是否顺畅。

②安装推力轴承时，一定要注意紧圈和松圈的位置，紧圈装在转动轴上，与轴相对静止（即一起转动），松圈不转动（与静止件相对静止）。

③尾座端盖有个加油孔，位置向上。

任务四　进给箱

（1）拆装进给箱面盖并检查内箱各部分。

（2）清洗油线，注入新机油。

任务五　溜板箱

（1）清洗加油。

（2）拆装光杆、丝杆和操纵杆。光杆、丝杆都是锥销连接，拆装时一定要注意销的大小头和轴、轴套的大小孔。

任务六　外表

（1）清洗机床外表及死角，拆洗各罩盖，要求内外清洁、无锈蚀、无黄斑，漆见本色、金属见光。

（2）清洗三杠及齿条，要求无油污。

（3）检查补齐螺钉、手柄。

任务七　润滑、冷却

（1）清洗冷却泵、冷却槽。

（2）检查油质，保持良好，油杯齐全，油窗明亮。

（3）清洗油线、油毡，注入新机油，要求油路畅通。

任务八　电器

清扫电机及电器箱内外尘土。

任务九　刀架与拖板

拆洗中拖板、小拖板、刀架各件。

（1）把刀架手柄转出来后抬起刀架，然后分解清洗。

（2）拆卸小拖板。首先拧出塞铁大端顶丝，然后向后转动手柄取出塞铁，再拧松刻度盘紧定螺钉旋出丝杆，最后取出螺母。

（3）拆卸中拖板。首先拆除丝杆支承座上的四颗螺丝，然后顺时针转出丝杆；再拧出塞铁大端顶丝取出塞铁，拆下中拖板上面的三颗螺丝；最后取出拖板、丝杆螺母和斜块。

（4）用冲子冲出手柄锥销并取出锁紧螺母、刻度盘、键、轴承等。

项目二　中拖板丝杆、塞铁间隙的调整

（1）中拖板塞铁间隙结构如图 1－1 所示。

塞铁间隙的调整：调整螺钉 1、3，获得中拖板不同的松紧度。

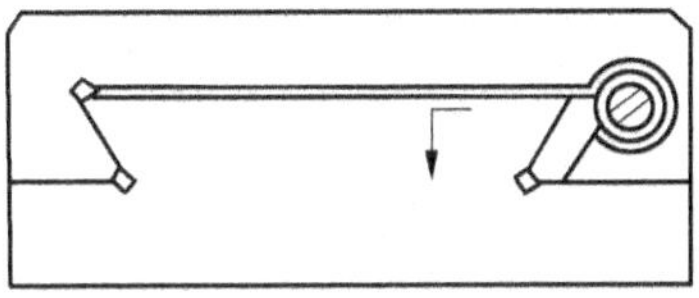

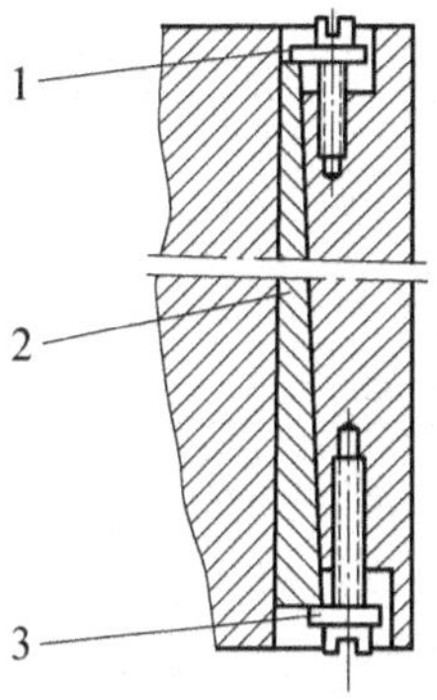

图 1－1　中拖板塞铁间隙结构

1，3—螺钉；2—塞铁

（2）中拖板结构如图 1－2 所示。

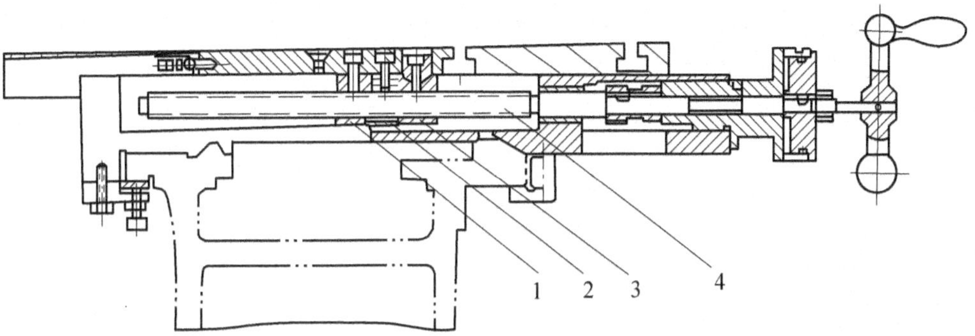

图 1－2　中拖板结构

1—调整螺母；2—楔铁；3—螺母；4—丝杆

中拖板又叫横向溜板，在大拖板的燕尾导轨上作横向直线运动，燕尾槽导轨要求与大拖板三角导轨严格垂直，这样才能保证工件端面与主轴轴线的垂直度。中拖板主要由丝杆、螺母套件组成。

丝杆间隙的调整：如图 1－3 所示，先固定螺母 5 使拖板滑动正常，然后旋松螺母 6，再把中间的调整螺钉拧紧，螺钉 2 把楔铁 4 往上拉，使螺母 6 向左边撑开，因而消除了间隙。调整好以后，把螺钉 3 拧紧。这时，要求中拖板手柄摇动方便，空转格在 1/20 转以内。

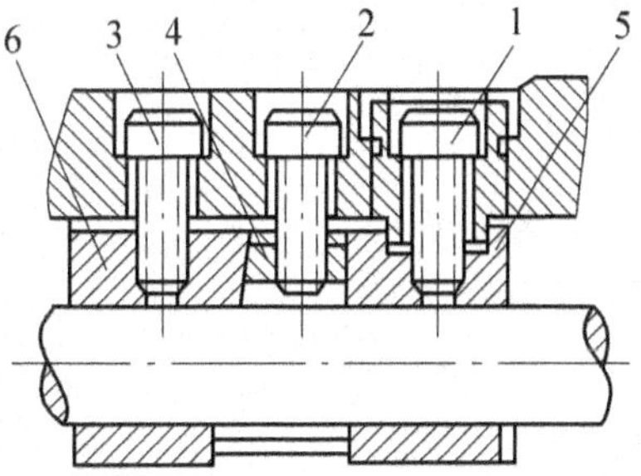

图 1－3　丝杆与螺母间隙调整机构

1，2，3—螺钉；4—楔铁；5，6—螺母

实训二　主　轴　箱

知识目标：机械零件和各种传动机构
能力目标：能对主轴箱六条轴进行拆装和调试
实施建议：课室、现场或视频讲解
项目考核：零件的拆装、定位、作用、修复、调试以及运行

下面以 C620 普通车床为例。

项目一　主轴箱结构

C620 普通车床由主轴箱、进给箱、挂轮箱、溜板箱、尾座和床身组成（如图 1－4 所示）。图 1－5 为 C620 普通车床主轴箱的传动原理图。包含皮带轮传动以及齿轮传动，主轴箱里面有六条轴，按传动路线分别为Ⅰ、Ⅱ、Ⅲ、Ⅳ、Ⅴ、Ⅵ轴。每条轴都有轴承支承和轴向定位，当然还有供主轴箱各零部件润滑用的油泵、过滤器、制动器、双向多片离合器以及变速拨叉。传动机构有齿轮传动、齿条传动以及带轮传动。

图 1－4　C620 普通车床

双向离合器用来控制主轴的正、反转及停车。当离合器向左压紧时，高速轴Ⅰ轴的运动经双联滑动齿轮传到Ⅱ轴，传动比为 56/34 或 51/39，使Ⅱ轴得到两级正转转速；当离合器向右压紧时，则Ⅰ轴的运动经中间齿轮传到Ⅱ轴，传动比为 50/24 或 36/36，使Ⅱ轴

得到一级反转转速。

Ⅱ轴的运动经Ⅲ轴上的三联滑移齿轮而传到Ⅲ轴，传动比为28/44、20/52或36/36，把Ⅱ轴的每一级转速变为三级，使Ⅲ轴得到六级正转转速、三级反转转速。

Ⅲ轴的运动通过双联滑移齿轮传给Ⅳ轴，传动比为20/80或50/50；再经双联滑移齿轮传给Ⅴ轴，传动比为20/80或50/50；最后经传动比为32/64的圆柱斜齿轮传给主轴Ⅵ轴。

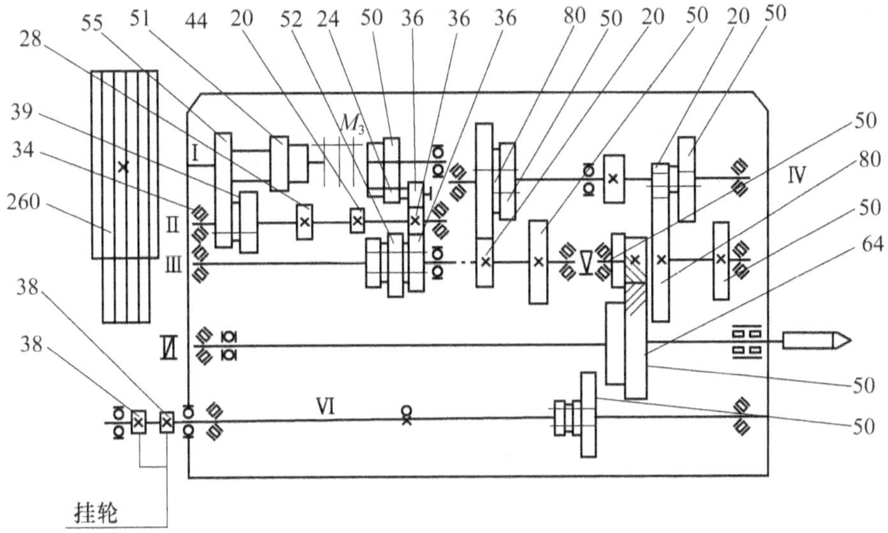

图1－5　C620普通车床主轴箱的传动原理图

注：图中的数字为各齿轮的齿数。

图1－6为C620普通车床主轴箱的结构图。由电动机提供动力，经一级三角皮带轮减速传至高速轴Ⅰ轴，然后分别带动Ⅱ轴、Ⅲ轴、Ⅳ轴、Ⅴ轴，最后到主轴Ⅵ轴。

主轴箱拆装实训的基本要求包括：拆卸卡盘、制动器、油管、油泵、过滤器以及各轴，然后清洗、检查、修复、安装以及调试。

图1－6　C620普通车床主轴箱的结构图

项目二 Ⅰ轴的拆装

任务一 Ⅰ轴的组成

图1－7为Ⅰ轴零件分解图。Ⅰ轴的组成部分与作用见表1－1。

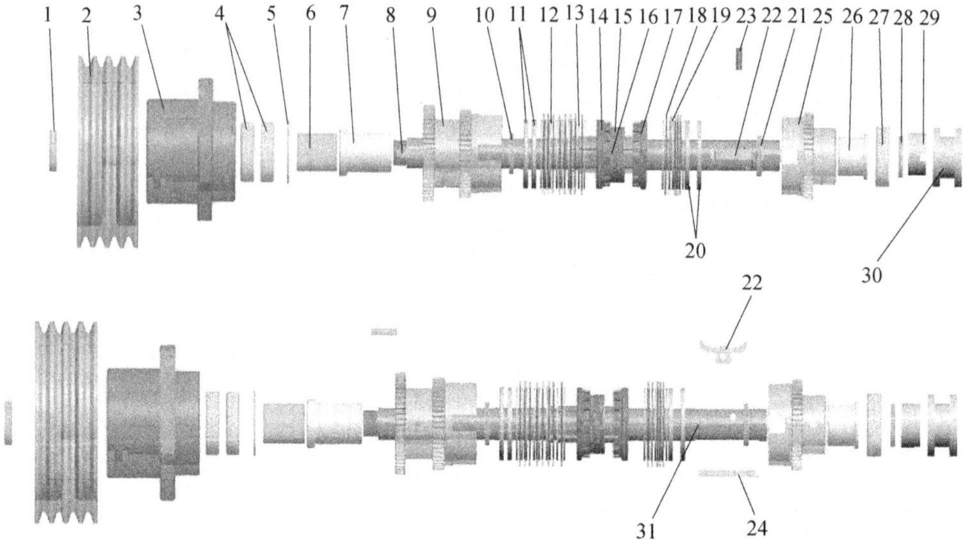

图1－7 Ⅰ轴零件分解图

表1－1 Ⅰ轴的组成部分与作用

序号	名称	作用	序号	名称	作用
1	锁紧螺母	固定皮带轮	13	内摩擦片	分离和接合主轴正反转
2	三角带轮	安装三角皮带传递动力	14	调整螺母	调节离合器间隙
3	轴承座	轴承支承座	15	滑套	联接调整螺母
4	轴承	支承转动轴	16	定位销	传递运动
5	弹性挡圈	轴承定位	17	调整螺母	调节离合器间隙
6	轴套	零件保持相对位置	18	外摩擦片	分离和接合主轴正反转
7	齿轮轴承	支承套筒齿轮	19	内摩擦片	分离和接合主轴正反转
8	平键	传递转矩	20	定位垫片	保证离合片的位置
9	套筒齿轮	传递转矩	21	滑动垫片	减小端面磨损
10	滑动垫片	减小端面磨损	22	摆杆	完成摆杆动作
11	定位垫片	保证离合片的位置	23	定位销	摆杆定位
12	外摩擦片	分离和接合主轴正反转	24	平键	传递转矩

续表 1－1

序号	名称	作用	序号	名称	作用
25	套筒齿轮	传递转矩	29	偏心套	联接油泵作往复运动
26	齿轮轴承	支承套筒齿轮	30	滑环	压紧和放松摆杆
27	轴承	支承转动轴	31	连杆	联接滑套
28	垫片	调整轴向位置			

任务二　Ⅰ轴的拆卸

基本的拆卸方法应该是从上至下、从外至内，尽量用专用工具进行，以免零件受损、变形并注意保护好零件。拆卸Ⅰ轴之前，首先拆下主轴箱面盖、油管、过滤器、油泵以及变速操纵机构，其次排出主轴箱润滑油和放松正转离合片，最后开始拆卸Ⅰ轴各零件。拆卸步骤如下：

（1）卸下三角带，拧松带轮、锁紧螺母、紧定螺钉；

（2）卸下带轮，锁紧螺母；

（3）卸下带轮和平键；

（4）拆下轴承座固定螺钉，用顶丝顶出轴承座；

（5）用三爪拆卸器拉出轴承座，然后用挡圈钳取出挡圈、轴承和轴套；

（6）用拔销器拉出Ⅰ轴组件；

（7）Ⅰ轴组件拆出后，分解Ⅰ轴，分别拆下Ⅰ轴上的其他零件；

（8）清洗、检查、修复Ⅰ轴各零件并放置好，完成Ⅰ轴的拆卸。

任务三　Ⅰ轴的安装

安装Ⅰ轴前，首先将各件组装成组件，调松正转离合片，注意离合片的定位、顺序以及套筒齿轮与离合片定位垫片的位置，不能走位。

任务四　双向离合器的调节

双向离合器的结构见图1－8。调节时先将操纵杆位置置于中间停车处，然后分别松紧螺母，使操纵杆正、反转及停三个位置明显。离合器的摩擦片在调松开时，间隙要适当，太松就压不紧，摩擦片之间会有打滑现象，车床传递动力显得不足，工作时易产生闷车现象，并易使摩擦片损坏；如太紧，开车时费力，易损坏操纵机构的零件，松开时摩擦片不易脱开，严重时会造成摩擦片温度过高甚至烧坏。所以，摩擦片松紧一定要合适。

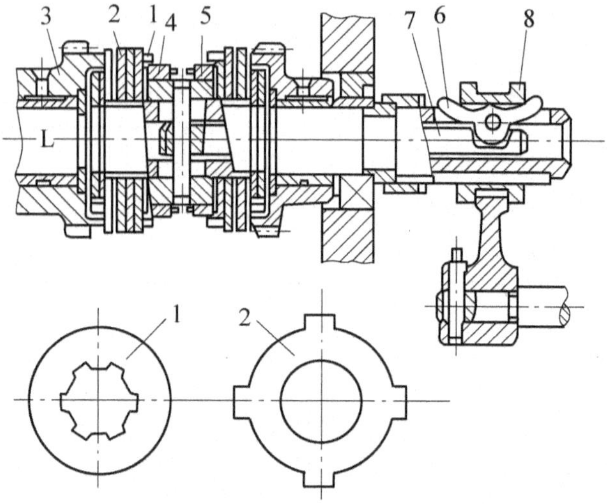

图 1－8　双向离合器的结构

1—内摩擦片；2—外摩擦片；3—套筒齿轮；4—螺母；5—滑套；6—摆杆；7—拨动杆；8—滑环

项目三　Ⅱ轴的拆装

任务一　Ⅱ轴的组成

Ⅱ轴由两个轴承 1 和 7、双联滑移齿轮 2、挡圈 3、双联齿轮 4、轴套 5 以及齿轮 6 组成（见图 1－9）。

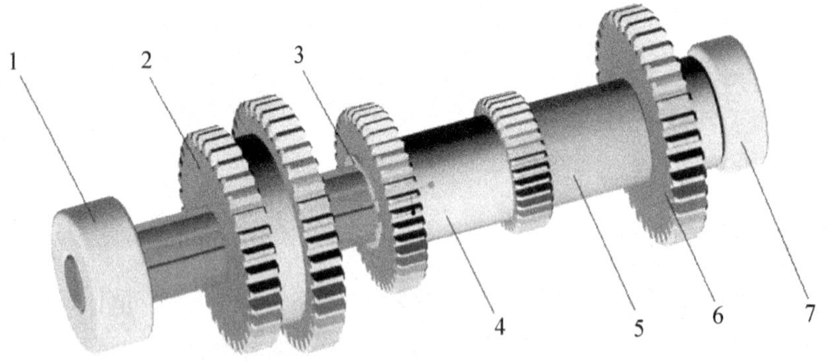

图 1－9　Ⅱ轴的组成

1，7—轴承；2—双联滑移齿轮；3—挡圈；4—双联齿轮；5—轴套；6—齿轮

任务二　Ⅱ轴的拆卸

首先拆下Ⅱ、Ⅲ轴端盖，然后用拔销器拔出Ⅱ轴，再分解Ⅱ轴各件，最后清洗、检查、修复Ⅱ轴各零件并放置好，完成Ⅱ轴的拆卸。

任务三　Ⅱ轴的安装

安装Ⅱ轴应注意两端轴承的松紧度。松紧可调节端盖调整螺钉。

项目四　Ⅲ轴的拆装

任务一　Ⅲ轴的组成

Ⅲ轴由轴承1、3、7，三联滑移齿轮2，轴套4以及齿轮5和6组成（见图1－10）。

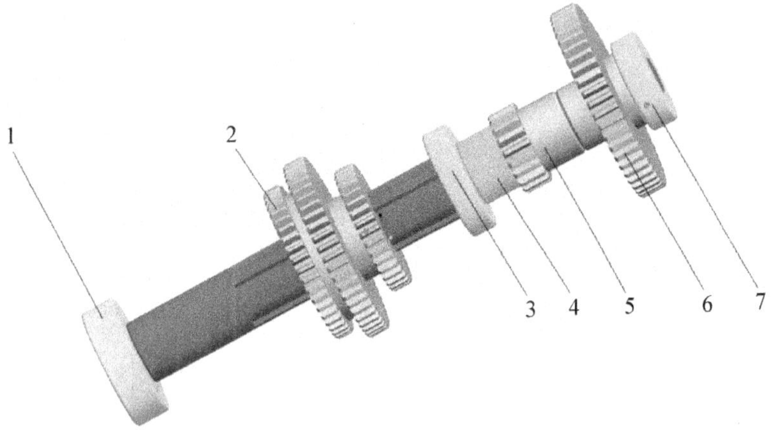

图1－10　Ⅲ轴的组成

1，3，7—轴承；2—三联滑移齿轮；4—轴套；5，6—齿轮

任务二　Ⅲ轴的拆卸

由于Ⅲ轴端盖已拆下，直接用拔销器拔出Ⅲ轴，然后再分解Ⅲ轴各件，最后清洗、检查、修复Ⅲ轴各零件并放置好，完成Ⅲ轴的拆卸。

任务三　Ⅲ轴的安装

Ⅲ轴的安装应注意两端轴承的位置以及轴承的松紧度。松紧可调节端盖调整螺钉。

项目五　拨叉轴的拆装

任务一　拨叉轴的拆卸

拨叉轴由拨叉、定位滚珠组成。拆卸拨叉轴：首先用拔销器拔出箱体上的定位销（靠近卡盘处），然后用机械方法拆下此轴，最后清洗、检查、修复此轴各零件并放置好，完成拨叉轴的拆卸。

任务二　拨叉轴的安装

安装拨叉轴应注意保护好油泵摆杆以及拨叉的位置，最后调整限位螺钉。

项目六　Ⅳ轴的拆装

任务一　Ⅳ轴的拆卸

Ⅳ轴由轴承1、3、7，双联齿轮2、6，轴套4以及制动轮5组成（见图1－11）。

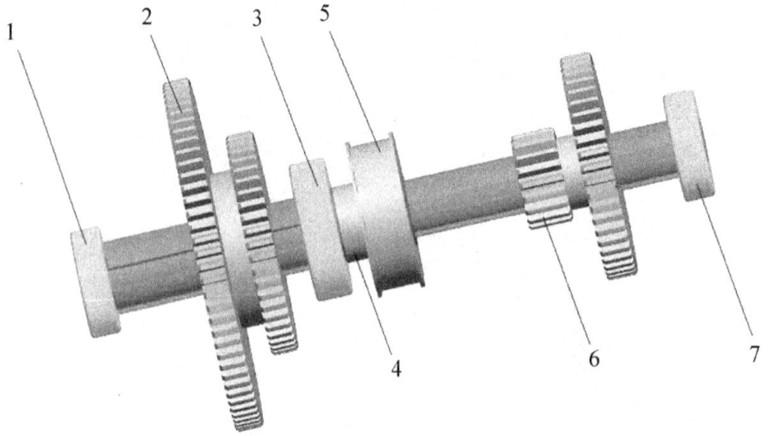

图1－11　Ⅳ轴的组成

1，3，7—轴承；2，6—双联齿轮；4—轴套；5—制动轮

拆卸Ⅳ轴：首先拆下Ⅳ轴两端端盖，其次拆下凸轮轴，第三步移开制动轮右侧的挡圈，第四步用拔销器拉出Ⅳ轴或用机械方法敲出（用机械方法时，一定要注意用铜或铝棒），第五步清洗、检查、修复此轴各零件并按顺序套回到轴上。拆下此轴时，应注意凸轮上的滑键以及不能敲打制动轮。

任务二　Ⅳ轴的安装

Ⅳ轴的安装应注意两端轴承的松紧度。松紧可调节端盖调整螺钉。

项目七　Ⅴ轴的拆装

任务一　Ⅴ轴的拆卸

Ⅴ轴由轴承1和7，齿轮2、3、4、6以及轴套5组成（见图1－12）。

拆卸Ⅴ轴：首先拆下Ⅴ轴右端端盖，其次用拔销器拉出Ⅴ轴或用机械方法敲出（用机械方法时，一定要注意用铜或铝棒），最后清洗、检查、修复此轴各零件并按顺序套回到轴上。

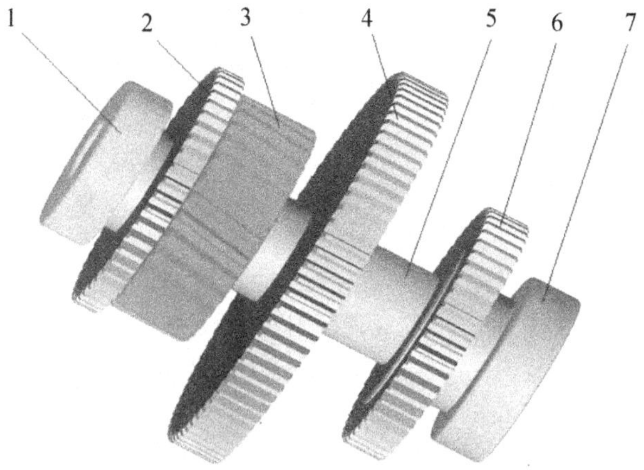

图 1－12 V 轴的组成

1，7—轴承；2，3，4，6—齿轮；5—轴套

任务二 V 轴的安装

V 轴的安装要注意两端轴承的松紧度。松紧可调节端盖调整螺钉。

项目八 主轴的拆装

任务一 主轴的拆卸

由于主轴比较重，精度比较高，所以拆装时一定要注意安全和方法，切勿硬来。首先拆下卡盘，其次拆下前端法兰和拧松前后锁紧螺母，然后用机械方法或用专用工具把主轴拉出，并在主轴出来的同时把套在主轴上的零件往后移动，最后把主轴取出。

任务二 主轴的安装

主轴的安装顺序与拆卸刚好相反，方法类似。只不过主轴安装好后应调节轴向和径向间隙，不能太紧也不能太松。最后还要试车检测精度和刚性。

项目九 安装油泵、过滤器、油管、制动钢带和箱盖

任务一 油泵等安装

安装油泵应注意钢珠是否存在以及油管是否堵塞并调节好柱塞行程。

任务二 制动钢带的调整

装好制动钢带后粗调钢带松紧。

任务三　箱盖安装

因为箱盖比较重，务必要注意安全，并把转动销定位螺钉装好。

项目十　主轴箱的调试与运行

任务一　调节各轴齿轮位置

用手拨动高、中、低变速手柄，观察各轴齿轮位置是否正确。

任务二　调整变速盘

调整变速盘手柄，使变速盘上转速与实际转速相符。

任务三　油泵运行

加上合适的润滑油，操纵杆置于停的位置，启动车床使Ⅰ轴空转，看油泵工作是否正常。如没有油输出，则检查维修。

任务四　车床试运行

把转速调至低速（100 r/min）以下，点动试运行正常后调整离合器松紧，运转过程中检查噪音以及轴承温度和转速是否相符。

任务五　调整制动钢带

要求转速为300 r/min时主轴能在两三转的时间内制动，即为合格。调整后应检查在压紧离合器时，钢带是否完全松开，如过紧，则稍微放松。调整后，钢带不能出现歪扭现象。

任务六　调整主轴间隙

C620普通车床的主轴结构如图1－13所示。

1. 前轴承的调整方法

松开紧定螺钉3，向右转动螺母4，推动隔套及轴承2内圈向右移动而产生弹性变形增大，以消除轴承的径向间隙。调整后，用手转动主轴时应无阻滞现象。然后拧紧紧定螺钉3，经带有螺纹的压块13锁紧螺母4以防松动。

2. 调整轴向间隙的方法

先松开紧定螺钉10，再转动螺母11，即可同时调紧圆锥滚子轴承8和推力轴承6，以消除轴向间隙。调整后，用手转动主轴时应无阻滞现象。再把紧定螺钉10拧紧，锁紧螺母11。最后用千分表测量主轴的径向跳动和轴向窜动，要求都不得大于0.01 mm。

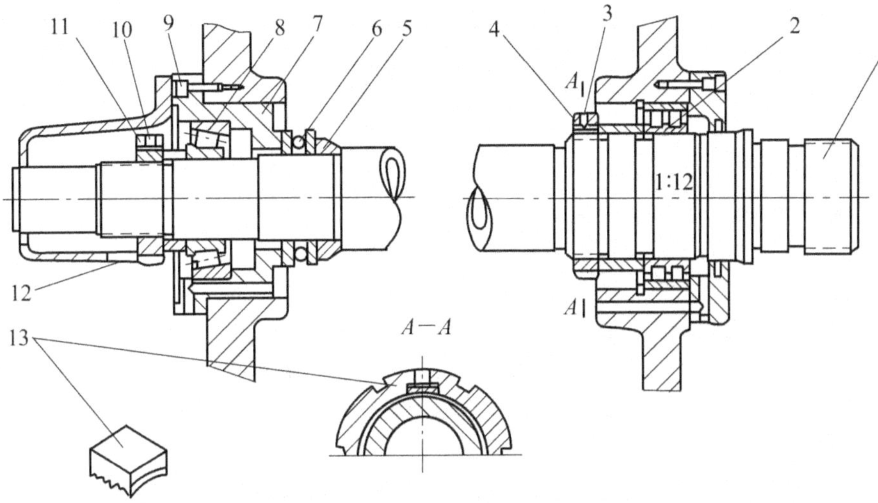

图 1-13　C620 普通车床的主轴结构

1—主轴；2—轴承；3，10—紧定螺钉；4，5，11—螺母；6—推力轴承；7—轴承座；
8—圆锥滚子轴承；9—螺钉；12—护壳；13—压块

实训三　进　给　箱

知识目标：机械零件和各种传动机构

能力目标：能对各轴进行拆装和调试

实施建议：课室、现场或视频讲解

项目考核：零件的拆装、定位、作用、修复、调试以及运行

图 1－14 为 C620 普通车床进给箱的结构图。它主要由箱体、齿轮传动轴、拨叉等组成。拆装方法与主轴箱类似。由于箱内轴和轴承较小，所以机械拆装时一定要保护好零件和各件的位置。

图 1－14　C620 普通车床进给箱的结构图

拆卸进给箱之前，首先拆除光杆、丝杆、操纵杆以及挂轮部分，其次用拔销器拔出箱体定位销，最后拧松固定螺丝即可。由于箱体较重，一定要注意安全。

箱体拆下后，取出提动手柄固定板上的锥销以及进给箱面盖定位销，拆卸面盖螺丝即可。

各轴拆装不再详述。

图 1－15 为 C620 普通车床进给箱的传动路线图。

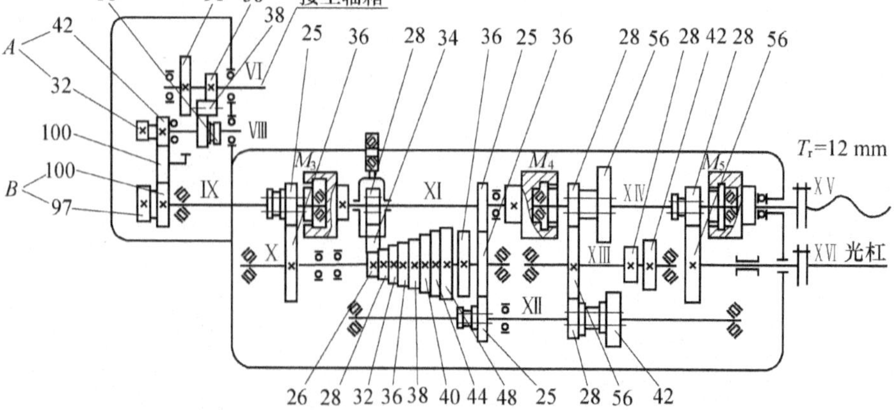

图 1－15　C620 普通车床进给箱的传动路线图

注：图中的数字为各齿轮的齿数。

实训四　常用机械零件的装配与拆卸

知识目标：常用机械零件的用途和拆装
能力目标：常用机械零件的拆装和调试方法
实施建议：课室、现场或视频讲解
项目考核：常用零件的拆装、定位、作用、检验、调试

项目一　三角胶带拆装

拆卸三角胶带应从大胶带轮转出。安装则先将三角胶带套在小胶带轮槽中，然后转动大胶带轮，用起子将三角胶带拨入大胶带轮槽中。带轮采用专用拉出器具拆卸，专用压入器具安装，并进行位置正确性的检查（见图 1－16、图 1－17）。

项目二　键联接的装配

先将轴与孔试配，再将键与轴、轮孔的键槽试配，然后将键轻轻打入轴的键槽内，最后对准轮孔的键槽将轮孔压入轴键中。由于键用于传动扭矩，故键的侧面一般不应修锉，顶部要有间隙（见图 1－18、图 1－19）。

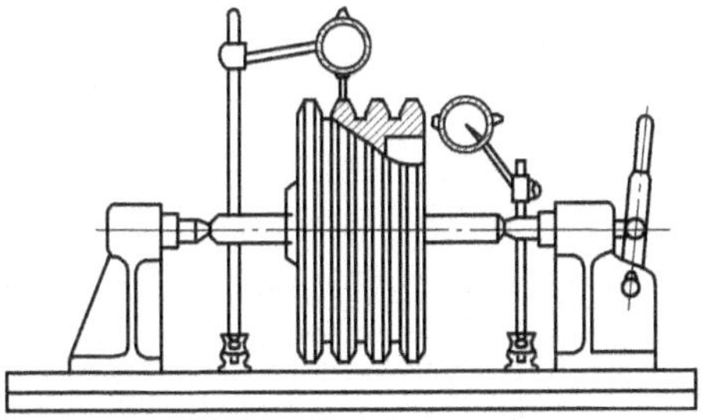

图 1－16　带轮跳动量的检查

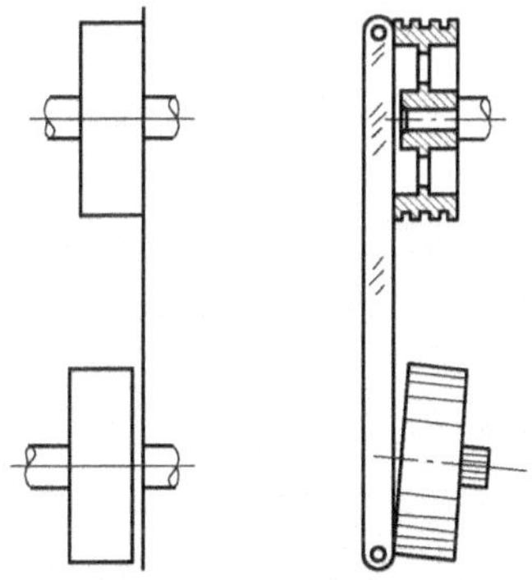

图 1－17　带轮相互位置正确性的检查

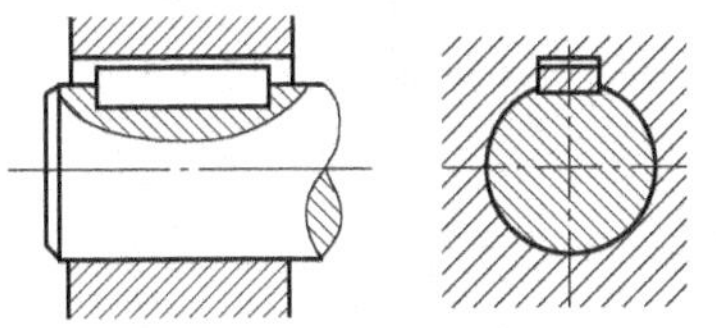

图 1－18　平键联接

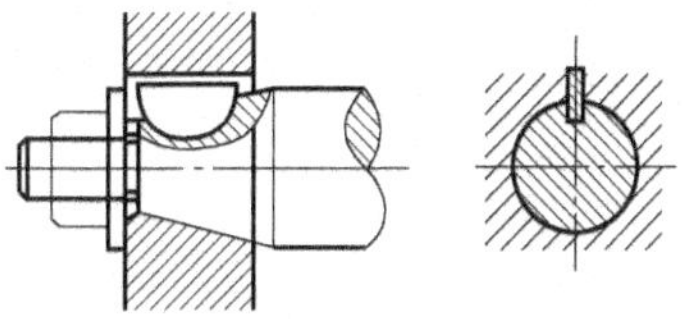

图 1－19　半圆键联接

项目三　销联接的拆装

销零件装配时，被联接的两孔需配钻、铰，并达到较高的精度。圆柱销用于固定零

件、传递动力，装配时在销子上涂油，用铜棒轻轻打入，但不宜多次装拆，否则影响精度。圆锥销具有1∶50的锥度，多用以定位以及经常拆装的场合，装配时一般边铰孔边试装，以销钉能自由插入孔中的长度约占销总长的80%为宜，然后轻轻打入（见图1－20）。带螺纹的圆锥销见图1－21。

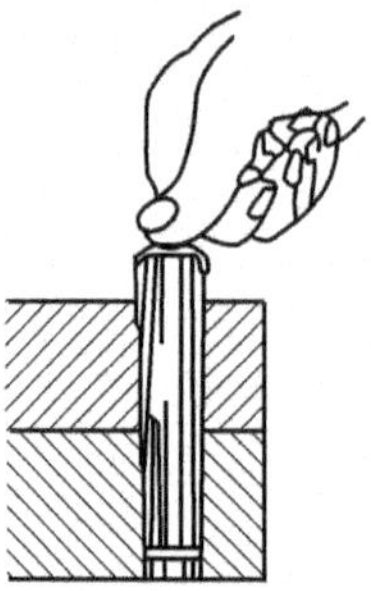

图1－20　圆锥销自由放入铰过孔的深度

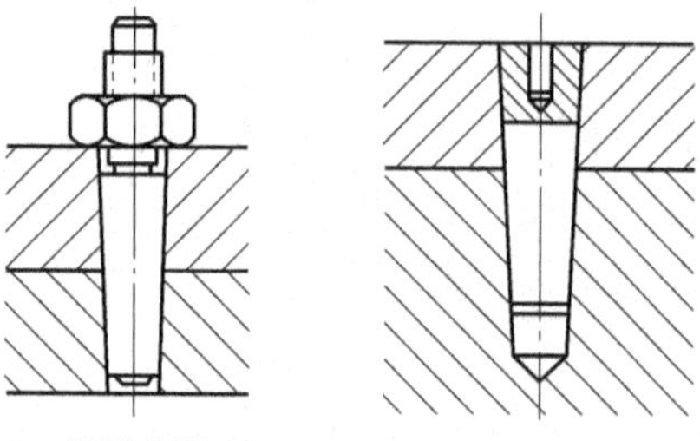

(a) 带外螺纹的　(b) 带内螺纹的

图1－21　带螺纹的圆锥销

项目四　螺纹联接的装配

螺纹联接是机器装配中最常用、可拆卸的固定联接，它具有结构简单、联接可靠、装拆方便等优点。装配要点如下：

1. 双头螺栓的装配要点

为防止螺栓拧入时卡死，便于拆卸和重复安装，可将双头螺栓涂上润滑油。双头螺栓轴心线必须与机体表面垂直，安装时用角尺检查，若有较少的倾斜，可用丝锥校正螺孔后再装正，或将装入的双头螺栓敲正，当偏斜较大时，不得强行校正，以免影响联接的可靠性。螺栓与机体的配合应足够紧固，螺栓紧固端应采用过渡配合，具体可采用台肩形式或利用最后几圈较浅螺纹使配合紧固。

2. 螺母、螺钉的装配要点

螺钉、螺母与零件贴合表面应光滑、平整，贴合处的表面应当经过加工，否则装配后容易松动或使螺钉弯曲。螺钉、螺母和接触表面应保持清洁、光滑和平整，螺孔内的脏物应清理干净。拧紧成组螺母时须按一定顺序进行，逐步分次拧紧，否则会使螺栓和机体受力不均产生变形，拧紧长方形布置的成组螺母时，应从中间开始，逐步向两侧扩展，拧紧按圆形或方形布置的成组螺母时，必须对称拧紧。拧紧力矩要恰当，太大时，会把螺钉、螺栓拉长，甚至拉断，或者工作过程中发生断裂；太小时，则不能保证机器工作时的可靠性和正确性。螺纹联接在很多情况下要有防松措施，常见的防松措施见图1－22。

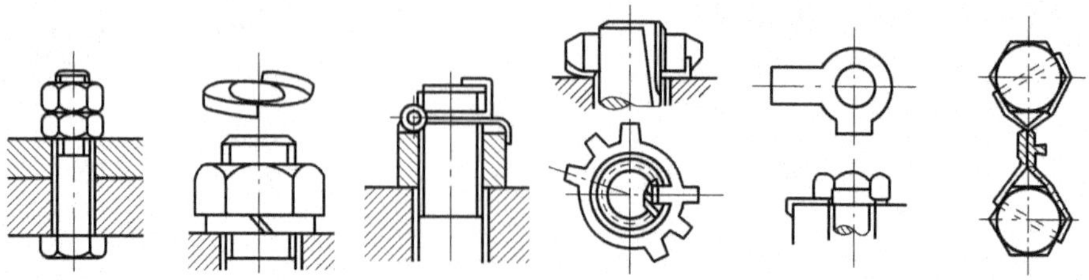

(a) 双螺母　(b) 弹簧垫圈　(c) 开口销　(d) 止动垫圈　(e) 锁片　(f) 串联钢丝

图1－22　螺纹联接防松措施

项目五 轴套式滑动轴承的装配

根据配合过盈量的大小，采用压入和敲入的方法进行装配。过盈量小用敲入法，过盈量大则用压入法。压入轴套时必须清洁配合面，并涂上机油。为防止转动，压入轴套后须对轴承进行定位，常见的定位方式见图 1－23。轴套压装后，内孔会发生变形，可用铰削、刮研等方法对孔进行修整，最后对轴套进行检验。

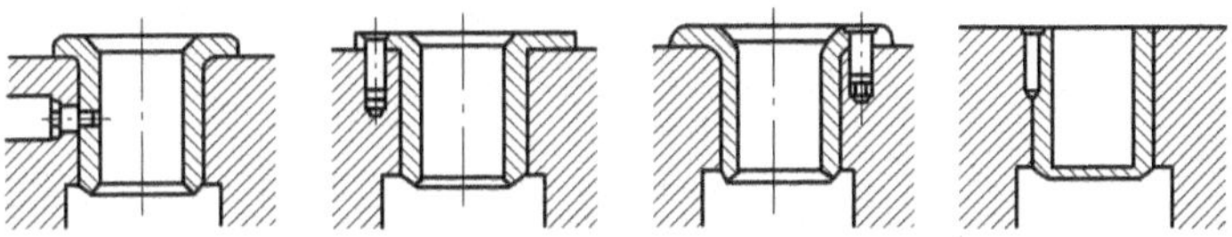

(a) (b) (c) (d)

图 1－23 轴承的定位方式

项目六 滚动轴承的拆卸与装配

任务一 滚动轴承的拆卸

可用锤击法或专用工具拆卸，见图 1－24。拆卸时禁止用锤直接锤击轴承，施力要均匀。当有锈蚀或配合较紧时，可先用煤油浸渍配合部位，必要时可用 120℃热机油浸浇轴承，使其内圈孔受热膨胀，便于拆卸。

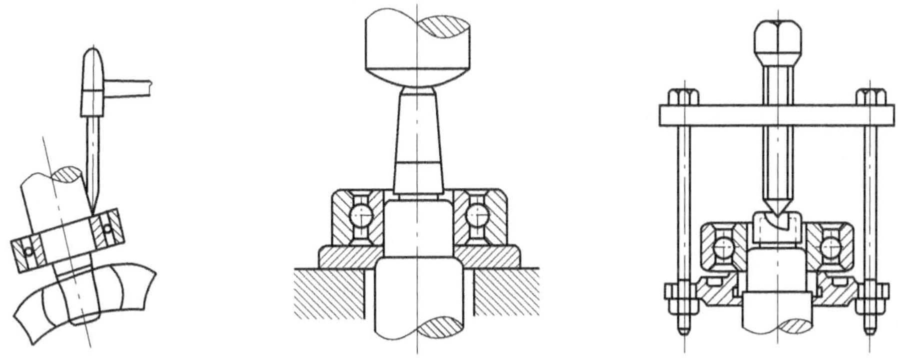

(a) 用手锤和黄铜棒拆卸 (b) 用压力机压出 (c) 用拆卸器拆卸

图 1－24 轴承的拆卸方法

任务二 圆柱孔滚动轴承的装配

1. 深沟球轴承的装配

采用压入法进行装配（见图 1－25）。装配前首先检查轴、轴承座尺寸，以及台肩处的配合是否正确，并做好清洗、涂油工作。装配时，应将轴承上标有规格、牌号的端面装在可见的位置，受力均匀，不要倾斜。

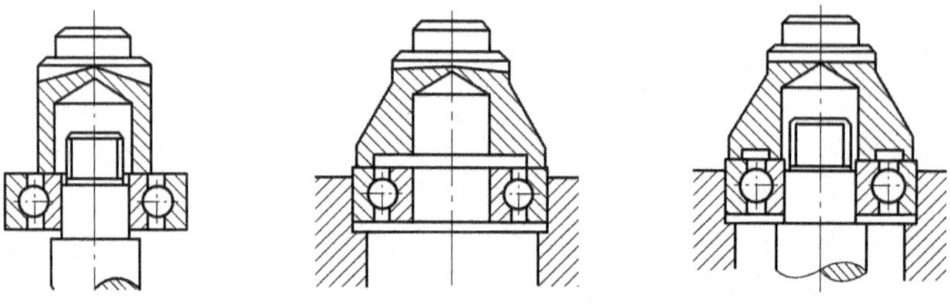

(a) 压入内圈　　(b) 压入外圈　　(c) 内外圈同时压入

图 1－25　滚动轴承的装配

2. 圆锥滚子轴承的装配

圆锥滚子轴承通常是成对使用的，要注意装配方向（正装或反装）并检查和调整轴向间隙，不能太松，也不宜过紧。

3. 推力球轴承的装配

安装推力球轴承时，应注意区分紧圈和松圈。紧圈内孔尺寸小，与轴的配合为过渡配合，随轴一起转动；松圈内孔尺寸比轴大，与机体固连，安装后应检查轴向游隙。

项目七　密封装置的装配

1. 静密封（固定联接密封）

静密封包括密合密封、衬垫密封和防漏密封胶密封三种方法。

2. 动密封

动密封包括填料密封、油封密封、O 形密封圈密封、唇形密封圈密封和机械密封五种方法。

项目八　齿轮传动的装配

任务一　齿轮与轴的装配

在轴上空转和滑移的齿轮，与轴为动配合，装好后的齿轮能自由转动或滑移，但不能有晃动现象；在轴上固定的齿轮，与轴的配合多数为过渡配合，带有少量的过盈，如过盈量不大时可用敲击的方法装入，过盈量较大时，应用压力机压装。

任务二　检查齿轮的正确性

齿轮装好后，应检查齿轮位置的正确性，调整中心距，检查互相啮合的齿轮是否能达到传动的要求。

项目九　常用工具

车床拆装常用工具有锤子、扳手、起子、六角匙、冲子、铜棒（铝棒）、起销器、挡圈钳、拉力器、顶丝、胶钳等。

项目十 车床常见故障及排除方法

在机械加工车间中，车床约占机床总数的一半。车床的加工范围很广，主要加工各种回转表面，其中包括端面、外圆、内圆、锥面、螺纹、回转沟槽、回转成型面和滚花等。普通车床加工尺寸精度一般为IT10～IT8，表面粗糙度值 $R_a=6.3\sim1.6\ \mu m$。

车床主要组成部件一般有床身、床头箱、变速箱、进给箱、光杆、丝杆、溜板箱、刀架、床腿和尾架等。车床主要靠主运动和进给运动，通过车刀和工件的相对运动，使毛坯被切削成一定的几何形状、尺寸和表面质量的零件，以达到图纸上所规定的要求。

车床常见的故障，就其性质可分为车床本身运转不正常和加工零件产生缺陷两大类，但是故障的现象是多种多样的。车床常见故障分析与排除方法见表1－2。

表1－2 车床常见故障分析与排除方法

症状	原因	排除方法
机床启动后噪声过大	齿轮啮合间隙不均匀，齿面粗糙度 R_a 值过大	间隙过大的啮合齿轮，其中一个可以采用变位齿轮；间隙过小的，可以研磨，以提高齿面表面粗糙度
	传动轴的轴承损坏，相对应的轴承不同心或传动轴弯曲变形	修理或更换轴承，修理支承孔以及校正传动轴
	电动机轴承损坏，装配不同心，电动机外壳紧固面接触不良	修理或更换轴承，检查电动机轴的轴承孔，若不同心应进行修理；电动机外壳紧固面接触不良时要进行配刮
	润滑不良	检查并疏通管路，使所有应加油的地方有润滑油
车螺纹时自动进给手柄容易脱落	脱落蜗杆的压力弹簧太松	调紧脱落蜗杆螺母，但不能把弹簧压得太紧，否则蜗杆过载保护将失去作用
	自动进给手柄定位弹簧松动	调紧弹簧，若定位孔磨损应修复
	蜗杆托架上的控制板与拉杆倾角磨损	修复控制板并把挂钩处修锐
开合螺母经常松脱	开合螺母燕尾槽内镶条过松	调整镶条螺钉
	丝杆与开合螺母中心线过大	调整丝杆与开合螺母的同轴度
	定位销失灵	修复定位销
光杆、丝杆同时转动	溜板箱内互锁保险机构的拨叉磨损失灵	修理拨叉
	光杆、丝杆变位手柄定位不准	修理手柄定位装置
主轴转速降低或自动停机	摩擦离合器调整过松或磨损	调整摩擦离合器松紧或更换离合片
	电动机皮带过松或严重磨损	适当调紧传动带或更换磨损严重的传动带

续表 1－2

症状	原因	排除方法
纵向进给爬行	导轨变形或研伤	调整机床水平，研刮导轨
	齿轮、齿条间隙不均匀	调整、修理齿轮、齿条，使啮合间隙均匀
	镶条调整不当	调整镶条螺钉，使间隙 0.04 mm 塞尺不能插入
	进给箱、溜板箱、托架三支承同轴度超差，憋劲	检查各轴承，必要时拆下修理
	润滑不良或光杆弯曲	校直光杆和导轨加润滑油
刀架锁紧后小拖板转不动	方刀架底面不平	用刮刀修刮刀架底面
	方刀架与小拖板接触不良	用刮刀修刮接触面
	刀架压紧后，刀架变形	检查变形量，修整变形部位
切槽和车外圆时产生颤动	主轴轴承径向间隙过大，主轴孔的后轴承端面不垂直	调整主轴轴承间隙以及调整后轴承端面的垂直度
	主轴中心线与主轴轴承配合的轴径径向振摆过大	调整主轴径向振摆至最小值
	地脚螺栓松动	调整水平，地脚应牢固

车床拆装实训安全操作规程

（1）切断电源。

（2）拆装前必须了解被拆装车床的传动系统和结构，制定出拆装方案。

（3）做好工具准备。

（4）拆装现场要保持开阔，活动要留有余地，拆装、搬动较重的机器应注意相互之间的配合，行动要听指挥，以免造成事故。

（5）拆装过程要用专用工具，做到稳、巧、准、文明操作，不能用蛮力鲁莽进行，以免造成人员安全事故和损坏零件。

（6）在需用锤击打零件进行拆卸时，必须垫木垫或金属物，决不可直接击打。击打力的作用点应对准零件中心，击打力适当。不允许击打的零件严禁击打。

（7）操作过程如需使用行灯或设备试机需接电源，必须由老师或在老师的指导下连接，不能擅自接电，以免造成事故。

（8）试机前需经老师同意和告知其他同学方可开动机器。

（9）机器启动的初始阶段要低速间断运行，在确定正常后才可连续运转。

（10）车床装配好后，有关人员必须清理所用工具。

第二部分　化工设备的拆装实训

实训一　离　心　泵

知识目标： 常用泵的类型、工作原理、用途

能力目标： 掌握离心泵、往复泵、气动隔膜泵的拆装方法、调试和联轴器的找正方法

实施建议： 课室、现场或视频讲解

项目考核： IH 离心泵的拆装或联轴器的找正

泵是用来输送液体并提高其压力的机器，它能够将液体从低处送往高处，从低压升为高压，或者从一个地方送往另一个地方。在使用过程中，由于受到磨损、腐蚀、疲劳甚至超温、超负荷的影响，泵会产生多种类型的故障，所以有必要对泵进行维护。下面就离心泵作介绍。

项目一　离心泵的分类

离心泵的分类方式、类型及特点如表 2－1 所示。

表 2－1　离心泵的分类方式、类型及特点

分类方式	类　型	离心泵的特点
按吸入方式	单吸泵	液体从一侧流入叶轮，存在轴向力
	双吸泵	液体从两侧流入叶轮，不存在轴向力，泵的流量几乎比单吸泵增加一倍
按级数	单级泵	泵轴上只有一个叶轮
	多级泵	同一根泵轴上装两个或多个叶轮，液体依次流过每级叶轮，级数越多，扬程越高
按泵轴方位	卧式泵	轴水平放置
	立式泵	轴垂直于水平面
按壳体形式	分段式泵	壳体按与轴垂直的平面剖分，节段与节段之间用长螺栓连接
	中开式泵	壳体在通过轴心线的平面上剖分
	蜗壳泵	装有螺旋形压水室的离心泵，如常用的端吸式悬臂离心泵
	透平式泵	装有导叶式压水室的离心泵

分类方式	类　型	离心泵的特点
特殊结构	管道泵	泵作为管路的一部分，安装时无需改变管路
	潜水泵	泵和电动机制成一体浸入水中
	液下泵	泵体浸入液体中
	屏蔽泵	叶轮与电动机转子联为一体，并在同一个密封壳体内，不需采用密封结构，属于无泄漏泵
	磁力泵	除进、出口外，泵体全封闭，泵与电动机的联结采用磁钢互吸而驱动
	自吸式泵	泵启动时无需灌液
	高速泵	由增速箱使泵轴转速增加，一般转速可达 10000 r/min 以上，也可称部分流泵或切线增压泵
	立式筒型泵	进出口接管在上部同一高度上，有内、外两层壳体，内壳体由转子、导叶等组成，外壳体为进口导流通道，液体从下部吸入

项目二　离心泵的工作原理

离心泵的工作原理如图 2－1 所示，自吸离心泵能把水送出去是由于离心力的作用。水泵在工作前，泵体和进水管必须灌满水成真空状态，当叶轮快速转动时，叶片促使水很快旋转，旋转着的水在离心力的作用下从叶轮中心被甩向叶轮外周，泵内的水被甩出后，叶轮的中心部分形成真空区域。水在大气压力（或水压）的作用下通过管网压到了进水管内。这样循环不已，就可以实现连续抽水。在此值得一提的是：自吸离心泵启动前一定要向泵壳内充满水以后，方可启动，否则将造成泵体发热、震动，出水量减少，对水泵造成损坏（简称“气蚀”），进而造成安全事故。

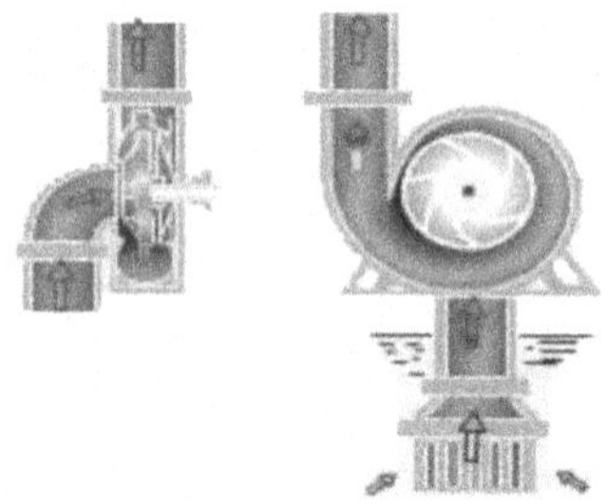

图 2－1　离心泵的工作原理

项目三　IH 型单级单吸化工离心泵的结构和用途

1. 用途

IH 型化工离心泵适用于化工厂，用来输送不含固体颗粒、黏度类似于水的腐蚀性液体，被输送介质温度一般为 20 ～ 105℃。泵的最高工作压力为 1.6 MPa，进口压力不高于 0.6 MPa。

2. 参数范围

流量：6.3 ～400 m^3/h；扬程：5 ～125 m。

3. 型号

IH50－32－125A。

IH——单级单吸化工离心泵；

50——泵吸入口直径为50mm；

32——泵出口直径为32mm；

125——叶轮名义直径为125mm；

A——叶轮外径的改变。

4. 结构形式

IH型离心泵（见图2－2）为单级单吸悬架式离心泵，其结构为后开门，即泵体不动，叶轮能从泵体后面取出，而不必拆动泵进出口管道。

IH型泵的轴封可根据用户要求装填料密封或机械密封，轴承为滚动轴承，用稀油润滑。

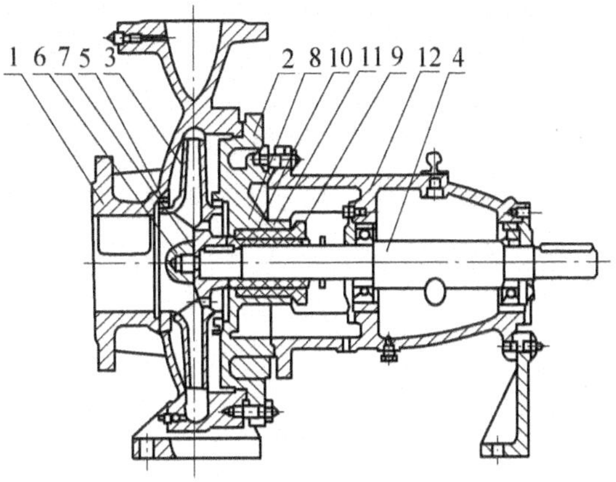

图2－2　IH型离心泵的结构

1—泵体；2—泵盖；3—叶轮；4—轴；5—密封环；6—叶轮螺母；7—止动垫圈；8—轴套；9—填料压盖；10—填料环；11—填料；12—悬架轴承部件

5. 旋转方向

从电机端看，泵为顺时针旋转。

6. 主要零件材质

与介质接触零件材质为合金不锈钢，主要牌号为：ZG1Cr18Ni9、ZGCr18Ni12Mo2Ti等。

项目四　单级离心泵的拆卸

1. 拆卸前的准备工作

（1）切断电源，确保拆卸时的安全；

（2）关闭出口、入口阀门，隔绝介质来源；

（3）开启排液阀，消除泵体内的残余压力，放净泵体内的残余介质；

（4）拆下电动机机座螺栓，将电动机与泵体分离。拆卸时要记住电动机底座垫片的位置；

（5）拆除两个半联轴器；

（6）拆除泵体固定螺母以及支架固定螺钉；

（7）取出泵轴支架组件；

（8）卸下叶轮、密封套件以及轴承。

2. 拆卸方法

（1）泵体的拆卸。拆下泵体的机座螺栓及泵后盖的紧固螺栓，即可拆下泵体。泵体机座螺栓位于离心泵最下方，它与机座上的螺孔连接，容易受酸、碱等介质的腐蚀和氧化锈蚀。长时期的使用，会使机座螺栓难以拆卸。因此在拆卸时，应该用煤油或松动剂涂抹螺栓使其浸润一段时间，或用手锤对螺母进行敲击振动，使锈蚀层脱离，以便于机座螺栓的拆卸。泵盖紧固螺栓位于泵体与泵盖连接处。将泵盖螺栓拆除后，即可将泵体拆下。由于泵盖与泵体之间配合很紧，长时间使用后会发生锈蚀现象，使得泵盖的拆卸十分困难。这时，可对称均匀地拧紧泵盖上的两个顶丝，使泵盖退出。若泵盖上没有顶丝，可用手锤敲击通芯螺丝刀，使螺丝刀的刀口部分进入密封垫，将泵盖与泵体分离开来，但这种方法会在泵盖和泵体结合面处造成损伤，一般不宜采用。

（2）叶轮的拆卸。拆卸叶轮时，用专用扳手卡住叶轮前端的轴头螺母（又称叶轮背帽），沿离心泵叶轮的旋转方向旋下螺母，取出防松垫片，并用双手将叶轮从泵轴上拉出。然后将填料压盖的压紧螺母松开，以免拆下泵轴时增加滑动阻力。

（3）泵轴的拆卸。要把泵轴拆卸下来，必须先将轴组（包括泵轴、滚动轴承以及防松装置）从悬架轴承部件拆卸下来。为此，须按以下程序进行：

①拆下泵轴后端（联轴器一侧）的大螺帽，用拉力器将离心泵的半联轴器拉下来，并用通芯螺丝刀或錾子将平键取下来。

②拆轴承盖螺钉，并把轴承盖拆除，同时将润滑油倒出。

③用手将叶轮端的轴头螺母拧在轴上，并用手锤敲击螺母，使轴组件沿轴向后端退出悬架轴承部件。

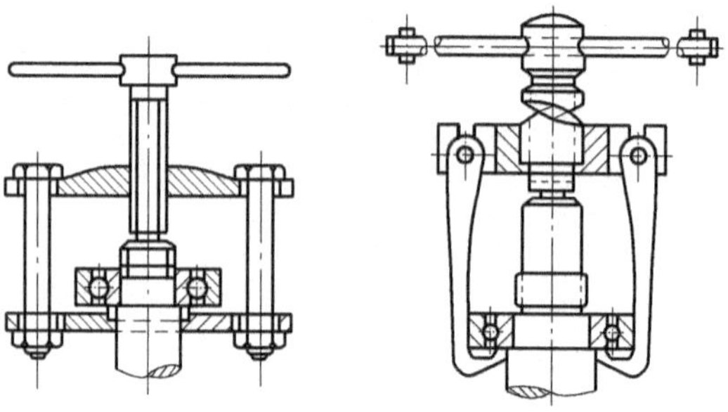

图2－3　用拉力器拆卸滚动轴承

④用拉力器（见图2－3）或压力机（见图2－4）将滚动轴承从泵轴上拆卸下来。

有时滚动轴承的内环与泵轴配合时，由于过盈量太大，出现难以拆卸的情况。这时，可以采用热卸法来进行拆卸，如图2－5所示。拆卸时，先将滚动轴承附近的轴颈用隔热的石棉包好，装上拉力器，再将热机油浇在轴承内环的跑道上，使内环受热膨胀，借助于拉力器即可把轴承从轴颈上拆卸下来。

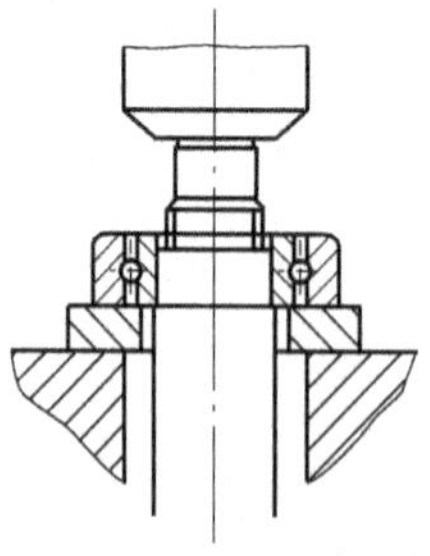

图2－4　用压力机拆卸滚动轴承

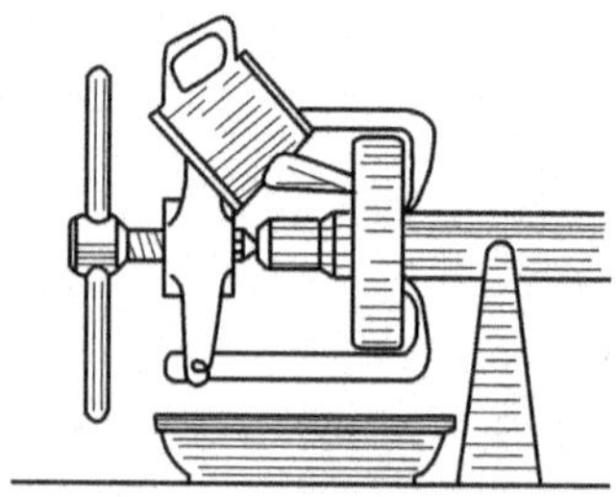

图2－5　热卸法拆卸滚动轴承

3. 拆卸中应注意的问题

（1）机座螺栓处的垫片是用来调整电动机轴与泵轴的同轴度的，因此同一个机座螺栓处的垫片应放在一起，回装时仍装在原处。这样，可大大减少回装过程中的工作量。

（2）拆卸中，若泵体内仍有残留介质（特别是酸、碱、盐溶液），可用清水冲洗干净，以免对皮肤造成化学烧伤。

项目五　单级离心泵的装配

离心泵的各个零部件在完成修理、更换，经检查无误，确认其符合技术要求之后，应进行整机装配。离心泵的装配是一项很重要的工作，是恢复离心泵工作性能的重要步骤。装配质量的好坏，直接关系到离心泵的性能和离心泵的使用寿命。一台离心泵，即使它的零部件质量完全合格，如果装配质量达不到技术要求，同样不能正常工作，甚至会出现事故。

装配工作完成之后，应将整机安装在机座上，并进行找正。若安装新泵，应先将机座安装在地基上，并找平、灌浆，然后安装泵、电动机，再找正，并把泵与管路连接。

1. 装配技术要求

装配合格的离心泵，应盘转轻快，无机械摩擦现象。

①泵轴不应产生轴向窜动。

②离心泵的半联轴器与电动机半联轴器装配的同轴度偏差符合技术要求。

③添加的润滑油、润滑脂应适量，并且牌号符合使用说明书的要求。

④设备清洁，外表无灰尘、油垢。

⑤基础及底座清洁，表面及周围无积水、废液，环境整齐、清洁。

2. 装配前的准备工作

①仔细阅读泵的有关技术资料，如总图、零件图、使用说明书等。

②熟悉泵的组装质量标准。

③检查泵的零件是否齐全、质量是否合格。

④备齐所使用的工具、量具等。

⑤准备好泵所需的消耗性物品，如润滑油、石棉盘根等。

3. 装配顺序

各种型号的离心泵，由于其结构不同，装配顺序自然不会一致。以 IH80－65－160 型为例，装配应按下列顺序进行：

①安装轴组件，即把轴承装配在泵轴上并安装前轴承盖。

②将轴组件装入轴承支架并安装后轴承盖。

③安装连接架和轴封套件。

④安装叶轮。

⑤将支架安装在机座上。

⑥紧固泵体连接螺母。

⑦联轴器找正。

4. 轴组的装配

离心泵轴组的装配包括泵轴与滚动轴承内环的装配、泵座轴承孔与滚动轴承外环的装配等。

（1）轴承的装配

滚动轴承装配在泵轴上时，它的内环与轴颈之间以少量的过盈相配合。通常过盈值为 0.01～0.05 mm，轴颈的直径较小时，过盈量取较小值；轴径较大时，过盈量取较大值。

将滚动轴承装配到泵轴承上时，应该加力于内环，使内环沿轴颈推进到轴肩或轴套处为止。滚动轴承与轴颈的装配方法有以下几种：

①手锤铜棒打入法。

②手锤套筒打入法。

③借助于套筒，用螺旋压力机装配滚动轴承。

④用热装法或冷装法装配滚动轴承。滚动轴承内环与轴颈之间的过盈值较大时，可以采用热装法或冷装法来装配。使用热装法或冷装法装配滚动轴承时，不采取任何机械强制措施，所以对原有的过盈量不会造成破坏，进行装配时既省时又省力，并且易于达到装配质量要求。

最后，将装配好的轴组装入泵体内。为此，应先将叶轮背帽用手拧紧在轴头螺丝上，把联轴器端的轴头穿过泵体的前轴承孔，使滚动轴承的外环与轴承孔对正，并用手锤敲击叶轮螺母，迫使泵轴与滚动轴承一起进入泵体。然后，用垫片调整法调整轴承压盖凸台的高度，使之与滚动轴承外端面到泵体轴承孔端面的深度相同。这种方法比较易于将轴安装到其正常工作位置。最后，将轴承压盖盖在泵体的轴承孔上，将压盖螺栓拧紧。装配好的轴组在泵体中应盘转灵活轻便，不产生轴向窜动和径向跳动。

（2）叶轮的装配

叶轮的内孔与轴颈之间为间隙配合，其配合间隙值为 0.1 ～0.15 mm。试装叶轮时，应使叶轮在轴颈上只有滑动而不产生摆动。间隙太小时，可以采用锉削的方法使轴径的尺寸减小一些，也可以在车床上将叶轮的内孔车大一些，以便保证应有的间隙；间隙太大时，则应更换新的叶轮，以免因为间隙太大，影响叶轮的旋转精度。叶轮装配到轴肩处时，其出口处应正对着泵壳的出口管，不应产生轴向位移。叶轮背面与泵壳之间不应产生摩擦，但是它们之间的轴向间隙又不能太大。如果此处的轴向间隙过大，则会增加轴向密封的泄漏量。为了适当减小此处的轴向间隙，可重新调整前后两轴承压盖上垫片的厚度，即将泵的液体入口侧的前轴承压盖的垫片厚度减小，将靠近联轴器处的后轴承压盖的厚度加大。在调整轴承压盖垫片厚度的过程中，应使前后轴承压盖的总厚度与原来装配的总厚度相等，即前轴承压盖垫片减去的厚度与后轴承压盖垫片增加的厚度相等。在调整垫片的同时，将泵轴稍向后敲打，使之窜动一个很小的距离，然后压紧轴承压盖。这样，就减小了叶轮背面与泵壳之间的轴向间隙。如果叶轮背面与泵壳之间因间隙太小而发生摩擦，则调整垫片的方法同上，只是将后轴承压盖的垫片减薄，前轴承压盖的垫片加厚，并且使泵轴向前窜动一个很小距离即可。

5. 泵体及泵盖的装配

（1）后开门式泵壳及泵盖的装配。这项工作可以分两步进行：第一步就是把泵体安装在机座上；第二步就是把轴组件、泵盖、轴封、叶轮等组成的组合件装入泵体，然后将整机安装在机座上。这项装配的关键是要保证叶轮处于正常的工作位置。依靠泵盖与泵体的配合面来保证叶轮入口与泵体上的密封环的同轴度，泵体与泵盖之间的垫片有密封和调整叶轮轴向位移的双重作用。安装时，应先装上垫片，然后沿轴向将叶轮连同泵盖推入泵体，拧紧泵盖螺栓，边拧边盘动泵轴，注意叶轮与密封环有无擦碰，若有，应及时调整。密封垫可用橡胶板或橡胶石棉板等材料制作。各部间隙调整好以后，即可用螺栓将泵盖与泵壳紧固在一起。

（2）前开门式泵体及泵盖的装配。为了将泵盖装配在泵体内，应该先将轴向密封的各个零件从前端套在泵轴上，然后将泵体中心孔穿过叶轮背帽，使泵体的后面与泵体的支撑面相接触，并旋转泵体，使泵的出口朝向适当的方向。最后，穿入泵盖与泵体的连接螺栓，并拧紧这些螺栓，完成泵盖的装配。泵盖位于泵壳与叶轮的前面，在它的中心孔处镶配有密封环，密封环位于叶轮进口端的外侧。因为密封环与叶轮进口端之间的径向间隙很小，所以在装配泵盖时，应仔细调整密封环与叶轮进口端之间的径向间隙，确保它们之间不产生丝毫的摩擦。同时在安装泵盖时，泵盖与泵体的接触面之间应该加密封垫，这样既可避免泵体内液体由这里向外泄漏，又可借助于密封垫厚度的调整，来改变叶轮与密封环之间的轴向间隙。最后，将整体就位于机座上，上紧机座螺栓，将整台泵与机座紧固在一起。

6. 填料密封的装配

（1）填料的种类。填料密封是依靠填料在填料函中被压盖挤压变形，宽度增加，堵塞了泵体与轴套之间的缝隙而起到密封作用。常用的填料有以下几种：

①油浸石墨石棉绳。油浸石墨石棉绳是用多股石棉绳编结在一起，浸过润滑油之后，在外表黏附一层石墨粉而制成的。适用于输送弱腐蚀性或无腐蚀性介质的离心泵的轴向密封。其编结后的截面多为正方形或圆形两种。

②橡胶填料。橡胶填料就是制成圆柱形的橡胶条，适用于输送清水的离心泵，作为其轴向密封填料。其规格大小有多种，可根据填料函的径向尺寸来选择。

③石墨柔质填料。石墨柔质填料是以石墨为主要原料压制成的一种新型填料，适用于输送热水的离心泵上的轴向密封。其外形为压制成斜开口式的圆环形。

（2）装填料的要点。为了加强填料函中填料的密封性能，减少产生泄漏的机会，装填料时应遵循以下几个要点：

①填料应逐圈加入填料函中，每圈的长度为围绕泵轴一周的长度，两端切口应互相平行，并且呈 45°斜切。

②相邻两圈填料的切口应错开 120°～180°。

③每加一圈填料，应加润滑油少许，以利于减小填料与轴套的摩擦。

④有水封环的填料函在水封环的两侧都要加入填料，并且把水封环先装得靠外一些，当拧紧压盖螺栓时，水封环便向里移动，对准水管入口。

⑤拧紧填料压盖螺栓时，要对称均匀，不能将压盖压得过紧或出现歪斜现象。

7. 机械密封的装配

机械密封的结构比较复杂，零件的制造精度较高。因此，装配时应该仔细和认真地对待。如果不小心，将会导致密封面的精度被破坏，进而产生泄漏等不良后果。所以，在装配机械密封时，必须遵循以下几个要点：

①装配前，所有零件均应清洗干净，特别是动环和静环的接触面上，不允许有任何污物黏附。

②装配过程中，不能对零件进行敲击，零件和零件不能发生碰撞，以免损坏零件表面的精度。

③装配后，弹簧弹力的大小应能使动环滑动自如。

④静环与泵体之间应保持 1 mm 以上的轴向间隙，以免静环在轴向顶死，导致 O 形密

封圈失去密封作用。静环与O形密封圈装入泵体后，应能推动自如。

⑤装配完毕后，在操作压力下进行静压试验，不应产生明显的泄漏。

⑥离心泵启动前，应保持密封腔内充满液体，以便减小不必要的摩擦和磨损。

8. 联轴器的装配

联轴器是用来连接电动机和离心泵的一种特殊零件。单级离心泵常用的联轴器多为凸缘盘式的，被联轴器连接的两根轴的旋转中心线应该位于同一条直线上。所以，在进行电动机和离心泵的装配时，必须对两个半联轴器进行找正对中。联轴器的找正是修理和装配工作中一项很重要的工作。找正的质量对离心泵的正常运转有很大的影响。找正质量差，两半联轴器对中误差大时，将会在轴与联轴器之间产生很大的附加应力，发生不正常的噪声及振动，使联轴器发热，并会影响离心泵的正常工作，甚至出现安全事故。

双表测量法（又称一点测量法）：用两块百分表分别测量联轴器外圆和端面同一方向上的偏差值，故又称一点测量法，即在测量某个方位上的径向读数的同时，测量出同一方位上的轴向读数。具体做法是：先用角尺对吊装就位准备调整的机器上的联轴器做初步测量与调整，然后在作基准的主机侧半联轴器上装上专用夹具及百分表，使百分表的触头指向原动机侧半联轴器的外圆及端面，如图2－6所示。

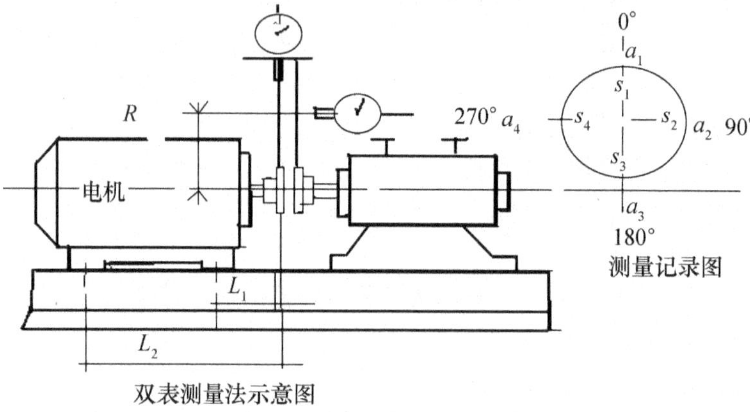

图2－6　双表测量法

测量时，先测0°方位的径向读数 a_1 及轴向读数 s_1。为了分析计算方便，常把 a_1 和 s_1 调整为零，然后两半联轴器同时转动，每转90°读一次表中数值，并把读数值填到记录图中。圆外记录径向读数 a_1，a_2，a_3，a_4，圆内记录轴向读数 s_1，s_2，s_3，s_4。当百分表转回到零位时，必须与原零位读数一致，否则需找出原因并排除之。常见的原因是轴窜动或地脚螺栓松动。测量的读数必须符合下列条件才属正确，即

$$a_1 + a_3 = a_2 + a_4;\qquad s_1 + s_3 = s_2 + s_4$$

通过对测量数值的分析计算，确定两轴在空间的相对位置，然后按计算结果进行调整。这种方法应用比较广泛，可满足一般机器的安装精度要求。主要缺点是对有轴向窜动的联轴器，在盘车时其端面的轴向度数会产生误差。因此，这种测量方法适用于由滚动轴承支撑的转轴的轴向窜动比较小的中小型机器。

项目六　启动与停车

1. 启动前准备

（1）用手拨转电机风叶，叶轮应无卡磨现象，转动灵活。

（2）打开进口阀门，打开排气阀，使液体充满整个泵腔（或灌泵），然后关闭排气阀和进出口阀。

（3）用手盘动离心泵以使润滑液进入机械密封端面。

（4）启动电机，确定转向是否正确。

2. 启动与运行

（1）全开进口阀门，关闭出口管路阀门。

（2）接通电源，当泵达到正常转速后，再逐渐打开出口管路上阀门，并调节到所需工况。值得注意的是，切忌泵在启动时出口阀和入口阀处于开启状态，那样将造成电动机负荷过大，可能会烧毁电动机。也不可关闭入口阀、开启出口阀启动，那样将造成吸入管路真空过大而导致泵的气蚀。

（3）注意观察仪表读数，检查轴封泄漏情况。正常时填料密封的滴漏速度应小于10～20滴/min，机械密封泄漏应小于5滴/min，电机、轴承处温升不得高于70℃，如果发现异常情况，应及时处理。

3. 停车

（1）逐渐关闭出口管路阀门，切断电源。

（2）关闭进口阀门。

（3）如环境温度低于0℃，应将泵内液体放尽，以免冻裂。

（4）如长期停用，应将泵拆卸清洗，包装保管。

项目七　单级离心泵的故障与排除

单级离心泵的故障与排除见表2-2。

表2-2　单级离心泵的故障与排除

故障现象	可能产生的原因	排除方法
无液体排出	进出口阀门未打开，进出管路阻塞，叶轮流道阻塞	检查，去除阻塞物
	电机运行方向不对，电机缺相转速很慢	调整电机方向，紧固电机接线
	吸入管漏气	拧紧各密封面，排除空气
	泵没灌满液体，泵腔内有空气	打开泵上盖或打开排气阀，排尽空气
	进口供水不足，吸程过高，底阀漏水	停机检查、调整（并网自来水管和带吸程使用易出现此现象）
	管路阻力过大，泵选型不当	减少管路弯道，重新选泵

续表 2－2

故障现象	可能产生的原因	排除方法
流量不足	先按无液体排出原因检查	先按无液体排出情况处理
	管道、泵叶轮流道部分阻塞，水垢沉积	去除阻塞物，重新调整阀门开度
	电压偏低	稳压
	叶轮磨损	更换叶轮
功率过大	超过额定流量使用	调节流量关小出口阀门
	吸程过高	降低吸程
	泵轴承磨损	更换轴承
杂音振动	管路支撑不稳	稳固管路
	液体混有气体	提高吸入压力、排气
	产生气蚀	降低真空度
	轴承损坏	更换轴承
	电机超载发热运行	调整按电机发热情况处理
电机发热	流量过大，超载运行	关小出口阀
	碰擦	检查排除
	电机轴承损坏	更换轴承
	电压不足	稳压
泄漏	机械密封磨损	更换
	泵体有砂孔或破裂	焊补或更换
	密封面不平整	修整
	安装螺栓松懈	坚固

项目八　分段式多级离心泵的拆装

1. 分段式多级离心泵的拆卸

分段式多级离心泵的拆卸，在做好准备工作的基础上，应按下列步骤及要求进行。

①卸下介质管路上泵的出口阀前、进口阀后法兰的连接螺栓，将泵从介质管路中分离。卸下冷却水管，断开泵与电动机之间的联轴器，并将其从泵轴上取下。

②拧开泵的机座螺栓，同时将各机座螺栓处的垫片按顺序编号，回装时仍放在原处，以减少找正工作量。

③拆卸轴承。先拧下前后侧轴承座与泵体的连接螺栓，拆掉轴承座，然后将轴承沿轴向抽出。

④拆卸轴封。拧下压盖与泵体的连接螺母，并沿轴向抽出压盖，取出填料或抽出机械密封。

⑤拆卸平衡盘。拧下尾盖与尾段之间的连接螺母，取下尾盖，然后将平衡盘沿轴向取出。松开平衡环与泵体的连接螺钉，即可卸下平衡环。

⑥长杆螺栓的拆卸。分段式多级泵的前段、中段、尾段，由若干个长螺栓穿起来固定在一起，形成一个完整的泵体，这些螺栓又叫长杆螺栓。拧紧长杆螺栓时，使各段之间轴向密封面紧密贴合，阻止了泵腔内的压力介质向外泄漏。长杆螺栓的拧紧力过大，会造成零件损坏；拧紧力过小，则密封面泄漏。有的制造厂家在说明书上给出长杆螺栓的预紧力值，修后组装时，按规定值上紧螺栓就行。多数制造厂家没有给出长杆螺栓的预紧力值，这就要求现场检修时，根据拆装前后拧紧长度的对比，保证紧力适中。简便的做法是，拆卸之前将各个长杆螺栓及其相配螺母按顺序编号。例如，按顺时针方向编号1，2，…，另一端则按逆时针方向对应编号，并将螺栓相对应的螺栓孔也作相应的编号，以保证螺栓及螺母仍回装到原来的地方。用砂布打磨干净螺栓端面和螺母端面。对同一根螺栓，测量其两端露出螺母的长度 x_1 和 y_1，并计算出：$z_1 = x_1 + y_1$。组装时，用同样方法测量出 x'_1 和 y'_1 并计算出 z'_1，使 z'_1 值等于拆卸前 z_1 的值。

⑦拆卸尾段蜗壳。用手锤轻轻敲击尾段的凸缘，使其松动，即可拆下。

⑧ 拆卸尾段叶轮。叶轮与泵轴的配合为间隙配合，但由于介质作用，可能锈蚀在一起。拆卸时，用木槌沿叶轮四周轻轻敲击，使其松动后，沿轴向抽出。

⑨拆卸中段。用撬棒沿中段四周撬动，即可拆下中段。再拆下叶轮之间泵轴上的挡套。然后，可由中段导轮上拆下入口密封环、导翼。

⑩用同样的方法，拆去余下的叶轮、中段，直至吸入盖。

拆卸完毕，应把轴承、轴、机械密封等用煤油清洗，检查有无损伤、磨损或变形，决定是否修理或更换。去掉各段之间的垫片，除去锈迹。

2. 分段式多级离心泵的装配

分段式多级离心泵的装配与其拆卸顺序大致相反，也就是说先拆的后装，后拆的先装。

项目九　维护与保养

（1）保持设备表面卫生；

（2）定期检验电机绝缘性能；

（3）冬天环境温度低于液体凝固点时，停机后应将泵体内液体放尽，以免冻裂；

（4）长期停运时应彻底搞好设备卫生，拆开泵体，将所有零件上的腐蚀液擦拭干净，尤其是密封室要认真冲洗干净重新装好，涂好防锈油，并将泵的进出口封闭后妥善保管。

项目十　机械密封的使用

（1）维护保养时严防固体杂质进入机械密封面而使密封失败；

（2）在易结晶的介质中使用机械密封时应注意经常冲洗，停车后再开车要将机械密封上的结晶物清洗干净；

（3）拆卸机械密封时应仔细小心，不许用榔头等物敲击，以免破坏动、静密封面；

（4）应严格检查动环与静环的相对摩擦密封面，不允许有任何细微的划痕、碰伤等缺陷，所有零件都要冲净并用干净的软布擦干后涂上油脂或机油；

（5）装配中要注意消除偏差，紧固螺钉时要用力均匀；

（6）正确调整弹簧的压缩量：泵装好后，以手扳动转子应感到密封弹簧既有一定的压缩量，又能轻快、灵活地转动，没有咬紧的感觉。

项目十一　机泵拆装考核实例

机泵拆装考核流程见图2－7，机泵拆装考核项目与内容见表2－3。

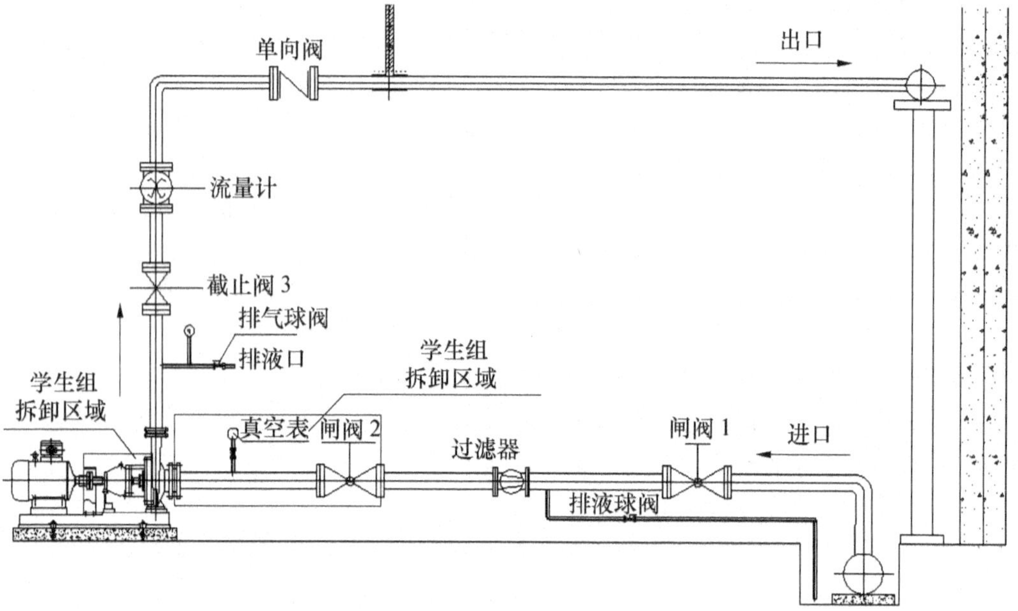

图2－7　机泵拆装考核流程

1. 三人一组合作完成考核内容。

2. 每完成一项内容，应由老师确认后才能进入下一项内容。

（1）闸阀和IH泵的拆卸与检查，并将检查内容记录在记录纸上交给老师。

①管路拆卸从进口靠近泵体的闸阀开始全部拆下，出口无须拆卸；

②闸阀须全部解体；

③机封拆至动环拿下即可；

④轴承拆卸可连同主轴一起卸下，无须从主轴上拿下；

⑤拆卸中的检查要有数据记录。

如在检查中发现零部件有缺陷，将会影响整机装配质量时，应简单写出处理方法，并告知老师，经确认后可重新领零件（不必进行缺陷的处理）。

若零件无缺陷，自己判断错误，在总分中每错判一个零件扣除2分。

（2）闸阀和IH泵管路安装。

（3）泵联轴器的找正。放下手中所有工具及零件，并示意老师停止计时，同时填写记录纸后交给老师。

找正采用二表找正法（一点法），找正记录完整，计算（只计算垫片调整量）有公式，调整后有记录。（联轴器找正技术要求：径向偏移≤0.03 mm，轴向偏移≤1/1000 D）

（4）机泵运行（开车前准备、试车）。停车完成后，放下手中所有工具及零件，并示意老师停止计时，考生工作全部完成，经老师检查并同意后清理现场，交还领取的工具及剩余耗材。

（5）设备在运行状态下振动分析由老师按控制室中振动图谱分析得到的分数值进行给分（无须考生参与）。

3. 操作要规范，防止发生事故。如发生人身、设备事故，将视情况进行扣分。

4. 考核时间为3小时。

5. 考核结束后，考生应将现场卫生打扫干净。

表2-3　机泵拆装考核项目与内容

考　核　项　目	考　核　内　容
拆卸检查与记录	拆卸顺序正确
	记录与检查项目齐全
	工具使用正确合理
	零部件摆放整齐干净
	工具摆放整齐
	零部件的清洗
装配与检查	安装工序正确
	工具使用正确
	装配结束整机检查
泵联轴器的找正	架表正确牢固
	读数准确，记录正确
	画联轴器计算图
	计算垫片调整量
开车前准备、试车与停车	油位检查
	盘　车
	灌　水
	检查阀门开闭情况
	试 转 向
	开　车
	停　车
设备在运行状态下振动分析	径向振动

记　　录　　纸

考生号：________　　　　　　　　　　　　　　　　　　成绩：________

一、检查记录。

二、缺陷处理方法（简）。

三、调整前的测量数据。

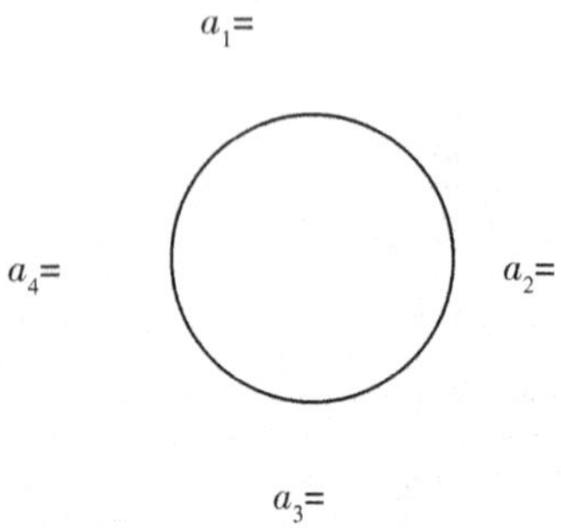

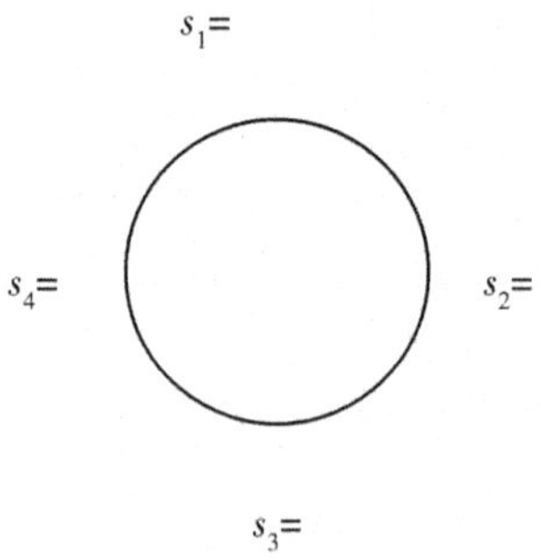

四、联轴器计算图。

五、垫片调整量（写不下可附纸）。

六、调整后的测量数据。

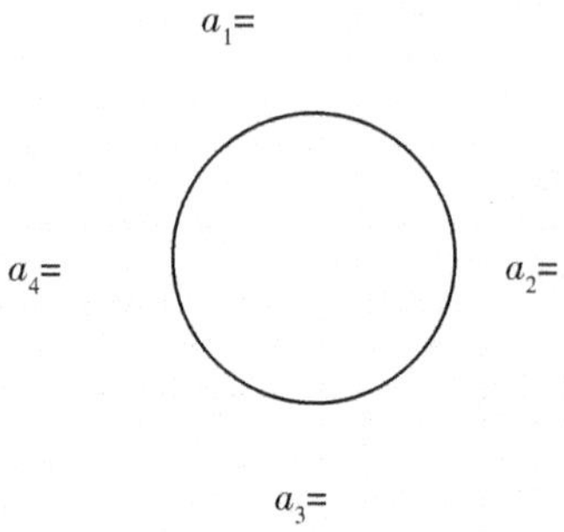

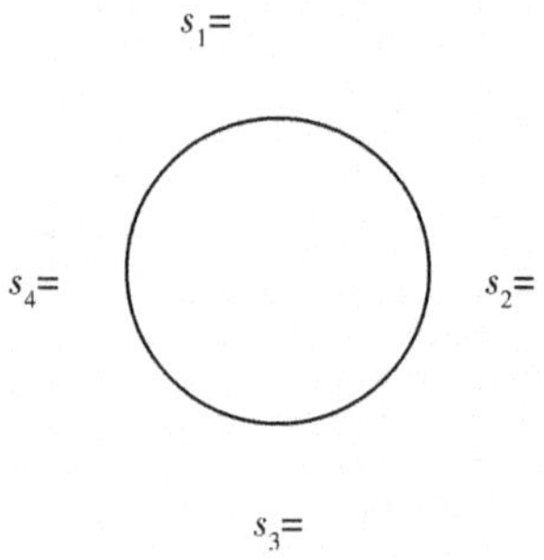

离心泵安全操作规程

1. 离心泵的启动

①运转前应检查泵转动是否灵活，机械密封应无摩擦现象，储油器油位是否正常，电机转动方向是否正确；

②关闭泵出口阀门，打开进口阀门；

③对外部有冲洗的机械密封，启动前应先开启冲洗液，使密封腔内充满密封液；

④检查引水是否正常（使液体充满泵腔）；

⑤接通电源，当电机达到额定转速后逐渐开启出口阀门（泵出口阀门关闭时，泵连续工作时间不能超过 3 分钟）。

2. 泵的运转

①经常检查泵和电机的发热情况（轴承温度≤75℃）；

②经常检查机械密封的密封性能；

③轴承润滑油加注量为油位计中心线 2mm 左右；

④注意电动机电流、温度等参数是否在规定范围内；

⑤不能用吸入管上的阀门调节泵的流量，以免产生气蚀；

⑥泵不能在低于 30% 设计流量下长期运转。

3. 停车

①缓慢关闭出口管路阀门，并关闭各种仪表开关；

②切断电源；

③关闭密封冲洗液。

实训二　往　复　泵

知识目标：往复泵的工作原理、用途、特点

能力目标：掌握往复泵的拆装方法和调试方法

实施建议：课室、现场或视频讲解

项目考核：双作用往复泵的拆装与调试

往复泵是由电动机、联轴器、减速器、传动部分、泵头部分、公共底座等组成。往复泵的工作原理见图2-8。它是由电动机通过减速器、皮带传动或无级调速器，带动曲轴旋转，推动连杆经滑块（十字头）使柱塞作直线往复运动，在泵头进口阀的启闭作用下达到吸排液目的。高压往复泵的泵头材料可根据用户输送各种高压液体的需要，采用锻造碳钢合金、不锈钢等，进出口阀座、阀套、阀片填料函、柱塞等主要过流部分采用2Cr13、不锈钢、非金属材料，阀球采用9Cr13、陶瓷、F46等材质。

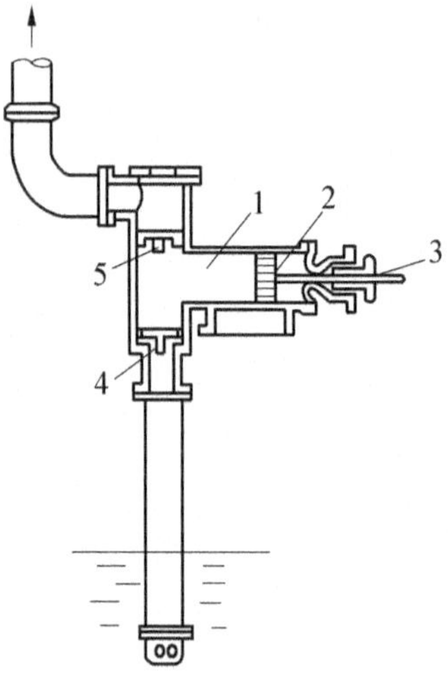

(a) 往复泵装置简图

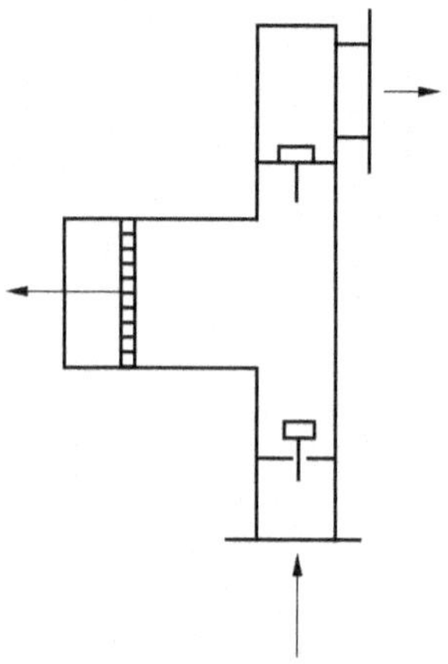

(b) 往复泵工作原理图

图2-8　往复泵的工作原理

1—泵缸；2—活塞；3—活塞杆；4—吸入阀；5—排出阀

项目一　往复泵的构造和工作原理

主要部件：泵缸、活塞、活塞杆及吸入阀、排出阀。

工作原理：图2-8中的活塞自右向左移动时，泵缸内形成负压，则贮槽内液体经吸入阀进入泵缸内。当活塞自左向右移动时，缸内液体受挤压，压力增大，由排出阀排出。活塞往复一次，各吸入和排出一次液体，称为一个工作循环，这种泵称为单动泵。若活塞

往返一次，各吸入和排出两次液体，这种泵称为双动泵。活塞由一端移至另一端，称为一个冲程。

项目二　往复泵的流量和压头

往复泵的流量与压头无关，与泵缸尺寸、活塞冲程及往复次数有关。

往复泵的实际流量比理论流量小，且随着压头的增高而减小，这是因为漏失所致。

往复泵的压头与泵的流量及泵的几何尺寸无关，而由泵的机械强度、原动机的功率等因素决定。

项目三　往复泵的安装高度和流量调节

往复泵启动时不需灌入液体，因往复泵有自吸能力，但其吸入真空度亦随泵安装地区的大气压力、液体的性质和温度而变化，故往复泵的安装高度也有一定限制。

往复泵的流量不能用排出管路上的阀门来调节，而应采用旁路管或改变活塞的往复次数、改变活塞的冲程来实现。

往复泵启动前必须将排出管路中的阀门打开。

往复泵的活塞由连杆曲轴与原动机相连。原动机可用电机，亦可用蒸汽机。

往复泵适用于高压头、小流量、高黏度液体的输送，但不宜输送腐蚀性液体。有时由蒸汽机直接带动，输送易燃、易爆的液体。

项目四　往复泵的应用

往复泵是一种发展较早的动力机械之一，它属于容积式泵。在生产中它用来输送压力较高的液体或高黏度、具有腐蚀性以及易燃、易爆、剧毒的各种液体。特别是当流量较小时，这种泵的优越性愈加明显，流量小于 100 m^3/h、压力高于 100 MPa 是最佳使用范围。

项目五　往复泵故障分析

1. 不能供液

（1）让泵短时运转，如不能达到较高的真空度，可能是：

①填料密封不严或缸套、胀圈磨损过多，胶木胀圈干缩或卡死等原因使泵漏泄严重，失去自吸能力；

②阀箱中吸、排阀损坏、搁起或严重漏泄。如果泵运行中流量突然降低，很可能是泵阀搁起或破损造成，可用金属棒贴靠阀箱侧听，必要时停泵检查。

（2）如果能建立真空，但打开吸入阀后真空消失，则：

①吸入管漏气，最大可能是在法兰垫片、滤器压盖、阀杆填料等处；

②吸口露出液面。

（3）如真空度较大的情况下还无法吸上液体，则可能是：

①吸入管阻塞，最大可能是滤器脏而堵塞，也可能是某截止阀未开足；

②泵吸高太大，或管路阻力太大；

③吸油时油温太低，黏度太大；

④吸入液体的温度过高，虽然吸入真空度可能不是很大，但允许吸上真空度减少，这时可能伴有液击声和压力表指针显著波动。

（4）不能正常供液，也可能不是吸入有问题，而是：

①排出端某处旁通，例如安全阀漏泄或弹簧过松，这时即使关小排出阀，排出压力也不能升得过高；

②排出管路阻塞而安全阀开启，这时排出压力将超过安全阀的开启压力。

2. 泵发生异响

要分辨响声的部位和特征，还应考虑到“液击”的可能性。常见原因有：

（1）泵缸中的敲击声，可能是缸内掉进东西或活塞固定螺帽松动；

（2）泵缸中的摩擦声，可能是填料过紧或胀圈断裂；

（3）阀箱中的敲击声，可能是弹簧断裂或弹力不足，以致阀升程过大；

（4）传动部分间隙过大；

（5）泵缸中的敲击也可能是“液击”，这时必然伴有吸入真空度过大和压力表指针明显摆动等特征。

往复泵安全操作规程

1. 启动前的准备

①检查泵周围有无妨碍物，对刚修的泵应人力转动 1 到 2 个往复行程看是否正常，填料压盖不应歪斜，压紧力要适中，并检查各连接及紧固螺栓是否正常。

②检查润滑油是否充足，各摩擦部位加好润滑油，空气室是否有适量的空气，开足吸、排阀。

2. 启动运转

运转中应注意监视其运转是否平稳，工作参数是否正常，润滑油是否充足，轴承及各摩擦件有无发热现象（轴承温度不宜超过 70℃），检查填料及结合处有无漏泄现象。

3. 停止运转

泵停止运转后，关闭吸、排阀，做好清洁工作。

实训三　气动隔膜泵

知识目标：气动隔膜泵的类型、工作原理、用途

能力目标：掌握气动隔膜泵的拆装方法、调试方法

实施建议：课室、现场或视频讲解

项目考核：QBY—25 隔膜泵的拆装与调试

气动隔膜泵是一种新型输送机械，是目前国内最新颖的一种泵类。采用压缩空气为动力源，对于各种腐蚀性液体，带颗粒的液体，高黏度、易挥发、易燃、剧毒的液体，均能予以抽光吸尽。

气动隔膜泵共有四种材质：塑料、铝合金、铸铁、不锈钢。隔膜泵根据不同液体介质分别采用丁腈橡胶、氯丁橡胶、氟橡胶、聚四氟乙烯、聚四六乙烯，以满足不同用户的需要。安置在各种特殊场合，用来抽送各种常规泵不能抽吸的介质，均取得了满意的效果。

隔膜泵以压缩空气为动力，是一种由膜片往复变形造成容积变化的容积泵，其工作原理近似于往复泵。基于隔膜泵的工作原理，其具有以下特点：

（1）隔膜泵不会过热。压缩空气作动力，在排气时是一个膨胀吸热的过程。所以气动泵工作时温度是降低的，无有害气体排出。

（2）隔膜泵不会产生电火花。气动隔膜泵不用电力作动力，接地后又防止了静电火花。

（3）隔膜泵可以通过含颗粒液体。因为容积式工作且进口为球阀，所以不容易被堵。

（4）隔膜泵对物料的剪切力极低。工作时是怎么吸进就怎么吐出，所以对物料的搅动最小，适用于不稳定物质的输送。

（5）隔膜泵流量可调节，可以在物料出口处加装节流阀来调节流量。

（6）隔膜泵具有自吸的功能。

（7）隔膜泵可以空运行，而不会有危险。

（8）隔膜泵可以潜水工作。

（9）隔膜泵可以输送的流体极为广泛，从低黏度的到高黏度的，从无腐蚀性的到腐蚀性的。

（10）隔膜泵没有复杂的控制系统，没有电缆、保险丝等。

（11）隔膜泵体积小、重量轻，便于移动。

（12）隔膜泵无需润滑，所以维修简便，不会由于滴漏而污染工作环境。

（13）隔膜泵能始终保持高效，不会因为磨损而降低效率。

（14）隔膜泵百分之百的能量利用，当关闭出口，泵自动停机。

（15）隔膜泵没有动密封，维修简便，避免了泄漏，工作时无死点。

项目一　气动隔膜泵用途

由于气动隔膜泵具有以上特点，所以隔膜泵自从诞生以来正逐步侵入其他泵的市场，并占有其中的一部分。如喷漆、陶瓷业中隔膜泵已占有绝对的主导地位，而在其他的一些行业中，像环保、废水处理、建筑、排污、精细化工中正在扩大它的市场份额，并具有其他泵不可替代的地位。气动隔膜泵的优势在于：

（1）由于用空气作动力，所以流量随背压（出口阻力）的变化而自动调整，适用于中高黏度的流体。而离心泵的工作点是以水为基准设定好的，如果用于黏度稍高的流体，则需要配套减速机或变频调速器，成本就大大地提高了。对于齿轮泵也是同样如此。

（2）在易燃易爆的环境中用气动泵可靠且成本低，如燃料、火药、炸药的输送，这是因为：第一，接地后不可能产生火花；第二，工作中无热量产生，机器不会过热；第三，流体不会过热，因为隔膜泵对流体的搅动最小。

（3）在工作环境恶劣的地方，如建筑工地、工矿的废水排放，由于污水中的杂质多且成分复杂，管路易堵塞，这样就形成电泵负荷过高的情况，电机易发热受损。气动隔膜泵可通过颗粒且流量可调，管道堵塞时会自动停止直至通畅。

（4）隔膜泵体积小，易于移动，不需要地基，占地面积小，安装简便经济。可作为移动式物料输送泵。

（5）在有危害性、腐蚀性的物料处理中，隔膜泵可将物料与外界完全隔开。

（6）可用于一些试验中保证没有杂质污染的原料的输送。

（7）可用于输送化学性质比较不稳定的流体，如感光材料、絮凝液等。这是因为隔膜泵的剪切力小，对材料的物理影响小。

项目二　气动隔膜泵工作原理

在泵的两个对称工作腔Ⓐ、Ⓑ中各装有一块隔膜，由中心联杆将其连接成一体。压缩空气从泵的进气口进入配气阀，通过配气机构将压缩空气引入其中一腔，推动腔中隔膜运动，而另一腔中气体排出。一旦到达行程终点，配气机构自动将压缩空气引入另一工作腔，推动隔膜朝相反方向运动，从而使两个隔膜连续同步地往复运动。

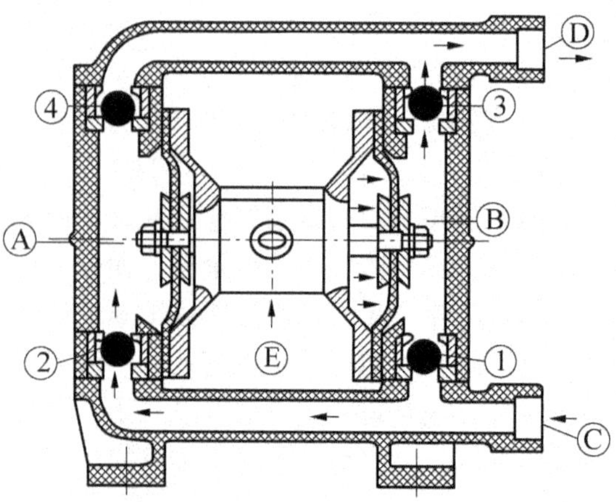

图 2－9　QBY 气动隔膜泵

在图 2－9 中，压缩空气由Ⓔ进入配气阀，使膜片向右运动，则Ⓐ室的吸力使介质由Ⓒ入口流入，推开球阀②进入Ⓐ室，球阀④则因吸入而闭锁；Ⓑ室中的介质则被挤压，推开球阀③由出口Ⓓ流出，同时使球阀①闭锁，防止回流。就这样循环往复，使介质不断从Ⓒ

入口处吸入，Ⓓ出口处排出。

项目三　气动隔膜泵拆装

（1）拆卸气动隔膜泵之前，将左右边的气室及液室分别标上记号，以助于后续的再组装动作。

（2）使用扳手将连接出口管与液室的小卡箍松开，拆除出口管即可看到球阀和阀座，拿出球和座并检查泵的其他备件有无磨损、化学腐蚀、裂痕等现象。

（3）使用扳手将连接进口管与液室的小卡箍松开，拆除出口管即可看到球阀和阀座，拿出球和座并检查泵的其他备件有无磨损、化学腐蚀、裂痕等现象。

（4）使用扳手将液室和泵的中间体分开，拆除液室即可看到膜片及膜片夹板。

（5）使用工具或扳手固定膜片外夹板左右边缘，将隔膜装置与中间体分开，然后顺时针旋转松开隔膜装置。移出膜片外夹板后，将轴从中间体取出。

（6）使用夹钳（加垫木板）将轴与膜片装置分开，检查轴、夹板、膜片是否有损坏和腐蚀现象。

（7）安装从步骤（6）到步骤（1）。

项目四　气动隔膜泵故障排除

（1）泵有动作，但是流量小或完全没有液体流出：

①检查泵的气穴现象，降低泵的速度，让液体进入液室。

②检查阀球是否卡住。如果操作液体与泵的弹性体不相容，弹性体会有膨胀的现象发生。请更换适当材质的弹性体。

③检查泵入口的接头是否完全锁紧不漏，尤其是入口端球阀附近的卡箍需锁紧。

（2）泵的空气阀结冰：

检查压缩空气含水量是否过高，安装空气干燥设备。

（3）泵的出口有气泡产生：

检查膜片是否破裂，检查卡箍是否锁紧，尤其是入口管卡箍。

（4）产品自空气排放口流出：

检查膜片是否破裂，检查膜片及内外夹板在轴上是否夹紧。

（5）阀发出嘎嘎声：

增加出口或入口扬程。

（6）泵没有动作或运作很慢：

①检查空气入口端的滤网或空气过滤装置是否有杂质。

②检查空气阀是否卡住，用清洁液清洗空气阀。

③检查空气阀是否磨损，必要时更换新的零件。

④检查中心体的密封零件情况。如果磨损严重，则无法达到密封效果，而且空气会从空气出口端排掉。由于其特别构造，请只使用 GLYD 圈（格来圈）。

⑤检查空气阀中的活塞活动是否正常。

⑥检查润滑油的种类。添加的润滑油如果高于建议用油的黏度，则活塞可能卡住或运作不正常。建议使用轻薄及抗冻的润滑油（ISO 等级 15/5WT 的抗冻油）。

警告：在修泵之前，需先将空气来源配管从泵拆除，并且将泵中的空气压力排放掉。拆除所有连接泵的出入口的管线，然后将泵内的流体排放到适当的容器内。戴防护帽、眼镜、手套。

气动隔膜泵安全操作规程

（1）气动隔膜泵输送的物料其温度应低于100℃，以保护膜片的正常使用。

（2）气动隔膜泵开车前经系统检查都完好后，在使用泵头内充满被输送的料液，以使料液能自流进泵。

（3）接通电源，再使变速机的拖动电机启动，然后调节转差离合器控制装置微调旋钮，使曲轴转动。

（4）取下控制阀上盖，用手按动补油阀芯上端多次，排除液压腔内空气，直至没有气泡出现为止，此时即为液压油充满液压腔，即可开始正常工作。

（5）气动隔膜泵使用时，控制阀压力最好与喷嘴压力一致，不要形成膜片前有过大的压力差。

（6）气动隔膜泵在使用中应经常检查进料泵温度、出泵料液压力、泵的运行情况。

（7）气动隔膜泵停车时先将转差离合器控制装置调旋到“0”位，曲轴停止转动。

（8）气动隔膜泵如停用时间过长，则需清除泵头部分剩余料液，以防球阀将进出料口堵住、锈蚀。

（9）气动隔膜泵一般使用40#机油，换油时应将原有油清除干净。

（10）经常保持气动隔膜泵的清洁及电机良好的绝缘性，及时做好运行、停运、事故、维修等记录。

实训四　调节阀拆装

知识目标：调节阀的种类和用途

能力目标：懂得判断调节阀的开闭形式，掌握气动薄膜调节阀的拆装、调试

实施建议：课室、现场或视频讲解

项目考核：气动薄膜调节阀的拆装、调试

调节阀（control valve），国外称为控制阀，国内习惯称为调节阀。用于调节工业自动化过程控制领域中的介质流量、压力、温度、液位等工艺参数。根据自动化系统中的控制信号自动调节阀门的开合度，从而实现介质流量、压力、温度和液位的调节。

调节阀通常由电动执行机构或气动执行机构与阀体两部分共同组成。直行程主要有直通单座式和直通双座式两种，后者具有流通能力大、不平衡力小和操作稳定的特点，所以特别适用于流量大、压差大和泄漏少的场合。角行程主要有 V 型电动调节球阀、电动蝶阀、通风调节阀、偏心蝶阀等。

项目一　调节阀的分类

按用途和作用、主要参数（压力、介质工作温度）、特殊用途（即特殊、专用阀）、驱动能源、结构等进行分类，其中最常用的分类法是按结构将调节阀分为 9 个大类，6 种为直行程，3 种为角行程。

1. 按用途和作用分类

①两位阀：主要用于关闭或接通介质；

②调节阀：主要用于调节系统。选阀时，需要确定调节阀的流量特性；

③分流阀：用于分配或混合介质；

④切断阀：通常指泄漏率小于十万分之一的阀。

2. 按主要参数分类

（1）按压力分类

①真空阀：工作压力低于标准大气压；

②低压阀：公称压力 $p_N \leqslant 1.6$ MPa；

③中压阀：p_N 为 2.5 ～6.4 MPa；

④高压阀：p_N 为 10.0 ～80.0 MPa，通常 p_N 为 22 MPa 或 32 MPa；

⑤超高压阀：$p_N \geqslant 100$ MPa。

（2）按介质工作温度分类

①高温阀：$t > 450$℃；

②中温阀：220℃ $< t \leq$ 450℃；

③常温阀：−40℃ $< t \leq$ 220℃；

④低温阀：−200℃ $\leq t \leq$ −40℃。

3. 常用分类法

这种分类方法既按原理、作用又按结构划分，是目前国内、国际最常用的分类方法。一般分为 9 个大类：

①单座调节阀；

②双座调节阀；

③套筒调节阀；

④角形调节阀；

⑤三通调节阀；

⑥隔膜阀；

⑦蝶阀；

⑧球阀；

⑨偏心旋转阀。

前 6 种为直行程，后 3 种为角行程。这 9 种产品亦是最基本的产品，也称为普通产品、基型产品或标准产品。各种各样的特殊产品、专用产品都是在这 9 类产品的基础上改进衍生出来的。

4. 按主要用途（即特殊、专用阀）分类

①软密封切断阀；

②硬密封切断阀；

③耐磨调节阀；

④耐腐蚀调节阀；

⑤全四氟耐蚀调节阀；

⑥全耐蚀合金调节阀；

⑦紧急动作切断或放空阀；

⑧防堵调节阀；

⑨耐蚀防堵切断阀；

⑩保温夹套阀；

⑪大压降切断阀；

⑫小流量调节阀；

⑬大口径调节阀；

⑭大可调比调节阀；

⑮低 S 节能调节阀；

⑯低噪音阀；

⑰精小型调节阀；

⑱衬里（橡胶、四氟、陶瓷）调节阀；

⑲水处理专用球阀；
⑳烧碱专用阀；
㉑磷铵专用阀；
㉒氯气调节阀；
㉓波纹管密封阀；
……

5. 按驱动能源分类
①气动调节阀；
②电动调节阀；
③液动调节阀。

项目二 调节阀的应用

在现代化工厂的自动控制中，调节阀起着十分重要的作用。这些工厂的生产取决于流动着的液体和气体的正确分配和控制。这些控制无论是能量的交换、压力的降低还是简单的容器加料，都需要用某些最终控制元件去完成。最终控制元件可以认为是自动控制的“体力”。在调节器的低能量级和执行流动流体控制所需的高能量级功能之间，最终控制元件完成必要的功率放大作用。

调节阀是最终控制元件的最广泛使用的形式。其他的最终控制元件包括计量泵、调节挡板和百叶窗式挡板（一种蝶阀的变型）、可变斜度的风扇叶片、电流调节装置以及不同于阀门的电动机定位装置。

尽管调节阀得到广泛的使用，调节系统中的其他单元大概都没有像它那样少的维护工作量。在许多系统中，调节阀经受的工作条件如温度、压力、腐蚀和污染都要比其他部件更为严重，然而，当它控制工艺流体的流动时，它必须令人满意地运行及有最少的维修量。

调节阀在管道中起可变阻力的作用。它改变工艺流体的紊流度或者在层流情况下提供一个压力降，压力降是由改变阀门阻力或“摩擦”所引起的。这一压力降低过程通常称为“节流”。对于气体，它接近于等温绝热状态，偏差取决于气体的非理想程度（焦耳—汤姆逊效应）。在液体的情况下，压力则为紊流或黏滞摩擦所消耗，这两种情况都把压力转化为热能，导致温度略为升高。

常见的控制回路包括三个主要部分。第一部分是敏感元件，它通常是一个变送器。它是一个能够用来测量被调工艺参数的装置，这类参数如压力、液位或温度。变送器的输出被送到调节仪表——调节器，它确定并测量给定值或期望值与工艺参数的实际值之间的偏差，一个接一个地把校正信号送出给最终控制元件——调节阀。阀门改变了流体的流量，使工艺参数达到了期望值。

在气动调节系统中，调节器输出的气动信号可以直接驱动弹簧、薄膜式执行机构或者活塞式执行机构，使阀门动作。在这种情况下，确定阀位所需的能量是由压缩空气提供的。压缩空气应当在室外的设备中加以干燥，以防止冻结，并应净化和过滤。

当一个气动调节阀和电动调节器配套使用时，可采用电—气阀门定位器或电—气转换器。压缩空气的供气系统可以和用于全气动的调节系统一样来考虑。

在调节理论的术语中，调节阀既有静态特性，又有动态特性，因而它影响整个控制回路的成败。静态特性或增益项是阀的流量特性，它取决于阀门的尺寸、阀芯和阀座的组合结构、执行机构的类型、阀门定位器、阀前和阀后的压力以及流体的性质。动态特性是由执行机构或阀门定位器—执行机构组合决定的。对于较慢的生产过程，如温度控制或液位控制，阀的动态特性在可控性方面一般不是限制因素。对于较快的系统，如液体的流量控制，调节阀可能有明显的滞后，在回路的可控性方面一定要有所考虑。

自动调节阀的历史可追溯到自力式调压阀，它包括一个带有重物杆的球形阀，重物用来平衡阀芯力，从而得到某种程度的调节。另一种早期的自力式调压阀的形式是压力平衡式调压阀。工艺过程的压力用管线接到弹簧薄膜调压阀的薄膜气室上。无论是减压阀、阀后压力式调压阀或是差压调压阀，都是从这种基型阀门的基础上衍变来的。

气动变送器和调节器的出现，就必然导致气动调节阀的应用。它们本质上是减压阀或阀后压力式调压阀，改用仪表压缩空气来代替工艺过程的流体。现在许多生产减压阀的公司已经发展成为调节阀制造厂。调节阀的应用从数量上和复杂性方面继续不断地得到发展，许多阀门的阀体和附件的改进可以用来解决各种各样的问题。

调节阀属于控制阀系列，主要作用是调节介质的压力、流量、温度等参数，是工艺环路中最终的控制元件。调节阀按行程特点可分为：直行程和角行程。直行程包括：单座阀、双座阀、套筒阀、角形阀、三通阀、隔膜阀；角行程包括：蝶阀、球阀、偏心旋转阀、全功能超轻型调节阀。调节阀按驱动方式可分为：气动调节阀、电动调节阀和液动调节阀。按调节形式可分为：调节型、切断型、调节切断型。按流量特性可分为：线性、等百分比、抛物线、快开。调节阀适用于空气、水、蒸汽、各种腐蚀性介质、泥浆、油品等介质。

项目三　气动薄膜调节阀

任务一　气动薄膜调节阀的结构和用途及工作原理

气动薄膜调节阀：按其结构和用途的不同，种类很多，正、反作用执行机构结构基本相同，主要由气室、薄膜、推力盘、弹簧、推杆、调节螺母、阀位标尺、阀杆、阀芯、阀座、填料函、阀体、阀盖和支架等组成，主要区别是正、反作用执行机构的输入信号的入口位置不同，阀杆动作方向不同。

工作原理：当气室输入了0.02～0.10 MPa信号压力之后，薄膜产生推力，使推力盘向下移动，压缩弹簧，带动推杆、阀杆、阀芯向下移动，阀芯离开了阀座，从而使物料流通。当信号压力维持一定时，阀门就维持在一定的开度上；当信号压力撤掉后，阀杆复位。

图2-10为两种气动薄膜调节阀。

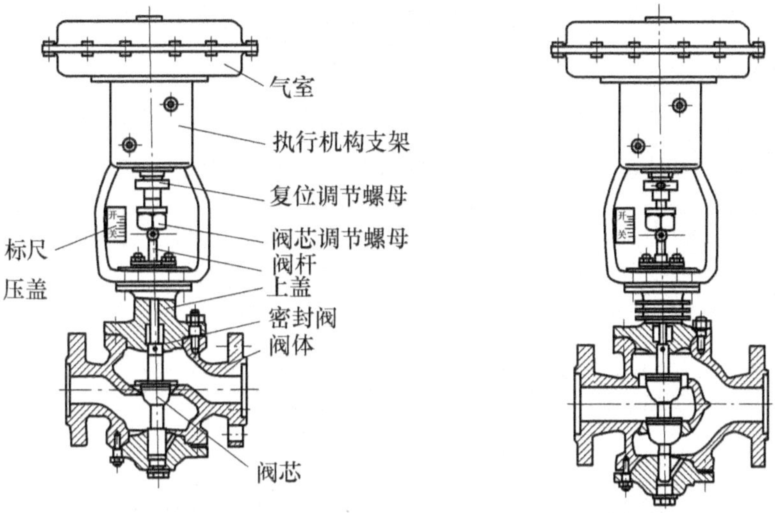

(a) ZMAP型　　(b) ZMAN型

图 2－10　气动薄膜调节阀

任务二　气动薄膜调节阀的拆卸

（1）拆下阀体；
（2）拧松压盖螺母和上盖连接螺栓，取出上盖；
（3）拧松阀芯调节螺母，取出阀杆；
（4）拧下复位调节螺母；
（5）拆除执行机构支架，取出压板和复位弹簧；
（6）拧下气室连接螺栓，取出气室上盖；
（7）拧下推板固定螺母，取出推板、薄膜、推杆；
（8）分解密封套件。

任务三　气动薄膜调节阀的安装

1. 整体安装

调节阀安装是否合理，不仅关系到调节阀的安装、拆卸和维修方便与否，也决定了调节阀能否在自动调节系统中起到良好的调节作用。安装调节阀时应注意以下几点：

①调节阀应垂直安装在水平管道上，如在特殊情况下需要水平和倾斜安装时，一般要加支撑。

②为了防止调节阀膜片老化，延长使用寿命，安装时应尽量远离高温、振动和腐蚀严重的环境。

③为了便于维护检修，调节阀应安装在靠近地面或楼板的地方。为了检修拆卸方便，应注意调节阀距离地面（或楼板）留有适当的高度。对于正作用气开式调节阀，因阀芯拆卸时需从阀体下面取出，调节阀距地面（或楼板）更应有足够的距离。

④为了调节阀和调节系统出现故障时不致影响生产和发生安全事故，一般都需要安装旁路和旁路阀。但旁路阀不能安装在调节阀的正上方，以免旁路阀内腐蚀性介质泄漏到调

节阀上。调节阀前、后安装截止阀，对于高温、高压、易冻、易黏稠介质，还要安装排泄阀。

2. 零件装配

气动薄膜调节阀的装配顺序与拆卸顺序刚好相反。

3. 安装调试

气动薄膜调节阀装配好以后，必须进行调试，调试的要求主要是调节复位弹簧和阀芯是否到位，使调节阀在工作过程中能够顺利地开关。

任务四　气动薄膜调节阀的检修

1. 阀体内壁

用于高压差及有腐蚀性介质场合的阀体内壁易受介质冲击和腐蚀，必须重点检查耐压、耐腐蚀的情况。

2. 阀座

检查阀座的磨损情况以及固定阀座用的螺纹内表面，是否因受腐蚀而使阀座松弛。

3. 阀芯

阀芯是调节阀工作时的可动部件，受介质冲蚀最严重，特别是在高压情况下工作，阀芯因气蚀现象磨损更为严重，检修时需认真检查。

4. 膜片及 O 形密封圈

检查是否有老化和裂损等情况。

5. 填料

检查填料配合情况，填料是否老化。

任务五　气动薄膜调节阀的常见故障

1. 调节阀不动作

原因：没有信号压力或虽有信号压力但膜片裂损、漏气，膜片推力减小；阀芯与阀座或衬套卡死、阀杆弯曲等原因使调节阀不能动作。

2. 调节阀动作正常，但不起调节作用

原因：阀芯脱落，此时，虽然阀杆动作正常，但阀芯不动，因此无调节作用。另外管道堵塞，也会出现调节阀不起调节作用的现象。

3. 调节阀动作迟钝或跳动

由于密封填料老化或干枯，使阀杆与填料的摩擦增大，会造成动作迟钝或跳动；或因阀体内含有黏性大的污物以及堵塞、结焦等情况而引起调节阀动作迟钝。膜片及 O 形密封圈等处泄漏也会引起单方向动作迟钝。

4. 调节阀不稳定或产生振荡

调节阀径选择过大，经常在小开度下工作或单座阀介质在阀内流动方向与关闭方向相同。阀芯与衬套严重磨损，也可使调节阀在任何开度都发生振荡。

5. 调节阀泄漏量大

阀芯与阀座腐蚀、磨损而造成，有时也可能因阀体内有异物、阀芯被垫住关不严，造成泄漏量大。另外，阀门定位器和电器转换器是调节阀的辅助装置，它们接受调节器的输入信号，然后以它自己的输出信号去控制调节阀，特别是阀门定位器，与气动阀配套使用构成一闭环控制回路，用以提高调节阀的控制精度。克服填料函与阀杆的摩擦力，提高阀门动作速度，可实现分段控制（段幅信号），改变调节阀的流量特性。因此，要想取得理想的调节效果，必须使调节阀与定位器配合好，应用阀门定位器以提高调节阀的定位精度及工作可靠性，确保调节质量。

气动薄膜调节阀安全操作规程

1. 遵守正确的安装技术

应始终遵守气动调节阀制造商的安装指导和注意点。

2. 阅读操作手册

在安装气动调节阀之前，先阅读指导手册。指导手册介绍该产品以及安装前和安装时应注意的安全事项及预防措施。按照手册中的指南去做，有助于保证安装的简易和成功。

3. 检查气动调节阀

虽然阀门制造商会采取某些步骤防止运输损坏，但这种损坏还是有可能发生的，且可以在安装之前发现和通报。不要安装已经知道在运输和存放时已损坏的阀门。安装之前，检查并除去所有运输挡块、防护用堵头或垫片表面的盖子，检查阀体内部以确保不存在异物。

4. 确认管道清洁

管道中的异物可能会损坏气动调节阀的密封表面甚至阻碍阀芯、球或蝶板的运动，而造成阀门不能正确地关闭。为了减小危险情况发生的可能性，需在安装阀门前清洗所有的管道。确认已清除管道污垢、金属碎屑、焊渣和其他异物。另外，要检查管道法兰以确保有一个光滑的垫片表面。如果阀门有螺纹连接端，要在管道阳螺纹上涂上高等级的管道密封剂。不要在阴螺纹上涂密封剂，因为在阴螺纹上多余的密封剂会被挤进阀体内，造成阀芯的卡塞或脏物的积聚，进而导致阀门不能正常关闭。

5. 确保在气动调节阀的上面和下面留有足够的空间

以便在检查和维护时容易地拆卸执行机构或阀芯。空间距离通常可以从阀门制造商认定的外形尺寸图上找到。对于法兰连接的阀体，确保法兰面准确地对准，以使垫片表面均匀地接触。在法兰对准后，轻轻地旋紧螺栓，最后以交错形式旋紧这些螺栓。正确地旋紧能避免产生不均匀的垫片负载，并有助于防止泄漏，也有助于避免法兰损坏甚至裂开的可能性。当连接法兰和阀门法兰的材质不一样时，这种预防措施就显得尤为重要。

6. 采用良好的管接

绝大部分气动调节阀可以安装在任何位置，但是，最通常用的方法是将执行机构垂直放置并位于阀门的上部。如果执行机构必须水平安装，则考虑对执行机构增加一个额外的垂直支撑。应确保这样安装阀体：流体流向与流向箭头或指导手册所指示的方向一致。

安装于气动调节阀上游和下游的引压管有助于检查流量或压力降。将引压管接到远离弯头、缩径或扩径的直管段处。这种位置可将由于流体紊流而导致的不精确性减到最小。用1/4 英寸或3/8 英寸（6 ～10 mm）的管子把执行机构上的压力接口连接到控制器上。保持较短的连接距离，并尽量减少管件和弯头的数量以减少系统时间滞后。如果该距离必须很长，那么可以在气动调节阀上使用一个定位器或增压器。

实训五　换热器拆装

知识目标： 板式和列管式换热器

能力目标： 掌握板式和列管式换热器的原理、用途、拆装以及检测方法

实施建议： 课室、现场或视频讲解

项目考核： 列管式换热器的拆装或检测

项目一　换热器的用途和类型

换热器又称热交换器，是冷热流体间进行换热的设备。换热器的应用广泛，日常生活中取暖用的暖气散热片、汽轮机装置中的凝汽器和航天火箭上的油冷却器等，都是换热器。它还广泛应用于化工、石油、动力和原子能等工业部门。它的主要功能是保证工艺过程对介质所要求的特定温度，同时也是提高能源利用率的主要设备之一。

换热器既可是一种单独的设备，如加热器、冷却器和凝汽器等；也可是某一工艺设备的组成部分，如氨合成塔内的热交换器。

为适应不同工作条件（温度、压力等）和物料特性，换热器种类繁多，结构各异，用材多样。根据冷热流体间的换热方式，换热器可分为三类：间壁式换热器、接触式换热器、蓄热式换热器。

1. 间壁式换热器

间壁式换热器的冷热流体被固体间壁隔开，并通过间壁进行热量交换，因此又称表面式换热器。

此类换热器可保证冷热流体不相混合，所以应用最广。按传热面的结构形式，间壁式换热器又分为管式换热器（如管壳式换热器、蛇管换热器、套管换热器、喷淋式换热器、空气冷却器等）和板式换热器（如螺旋板式换热器、平板式换热器、板翅式换热器等）。

2. 接触式换热器

冷热流体直接接触进行换热的设备，又称混合式换热器。如凉水塔、用于气体冷却的填充塔和混合式冷凝器等。接触式换热器传热效果好，但只限于冷热流体不互溶又允许相互混合的场合。

3. 蓄热式换热器

冷热流体借助于蓄热填充物（如耐火砖、波纹铝带）进行换热的设备，又称蓄热器。有的蓄热器使冷热流体交替通过固定的蓄热填充物，进行间歇式换热，如窑炉燃烧用空气的预热室。有的蓄热器蓄热填充物装填于慢速转动的多室设备中，冷热流体则连续通过设备的不同部位而进行换热，其典型设备是回转式蓄热器。蓄热器用于冶金、制氧、动力、石油化工等部门，主要作为空气预热器。

项目二　板式换热器

任务一　板式换热器的结构和原理

图 2－11 为板式换热器的结构图。

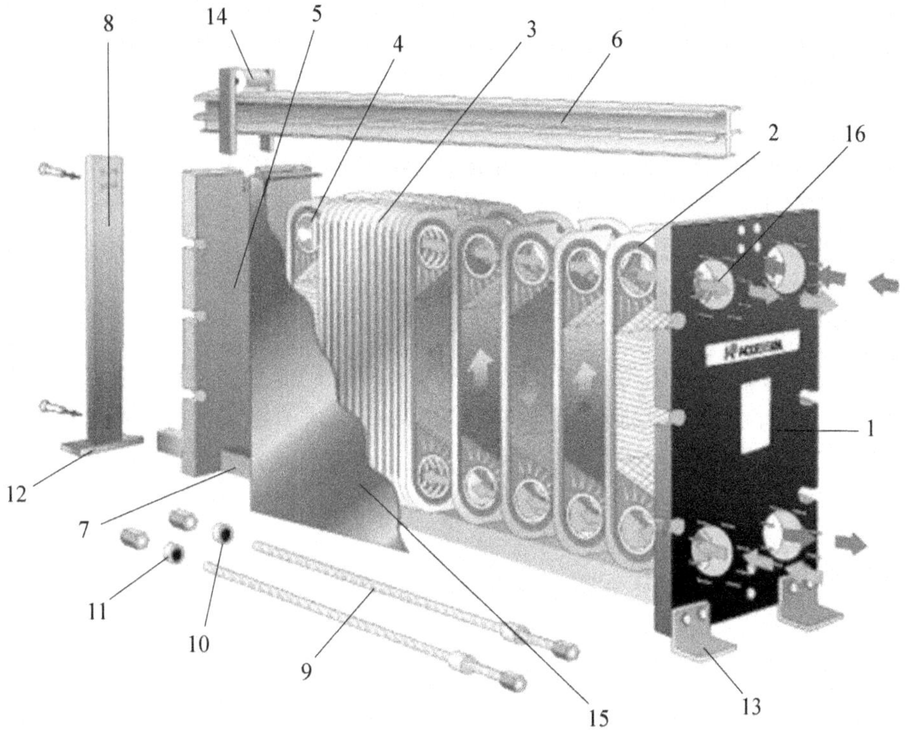

图 2－11　板式换热器的结构图

1—固定压紧板；2—前端板；3—换热板片；4—后端板；5—活动压紧板；6—上导杆；7—下导杆；8—后立柱；9—夹紧螺栓；10—锁紧垫圈；11—紧固螺母；12—支撑地脚；13—框架地脚；14—滚轮组合件；15—保护板；16—接口

任务二　板式换热器的特点

1. 传热效率高

板片波纹的设计以高度的薄膜导热系数为目标，板片波纹所形成的特殊流道，使流体在极低的流速下即可发生强烈的扰动流（湍流），扰动流又有自净效应以防止污垢生成因而传热效率很高。一般地说，板式换热器的传热系数 K 值在 3000 ～6000 W/（m^2 · ℃）范围内。这就表明，板式换热器只需要管壳式换热器面积的 1/4 ～1/2，即可达到同样的换热效果。

2. 随机应变

由于换热板容易拆卸，通过调节换热板的数目或者变更流程，就可以得到最合适的传热效果和容量。只要利用换热器中间架，换热板部件就可有多种独特的机能。这样就为用户提供了随时可变更处理量和改变传热系数 K 值或者增加新机能的可能。

3. 热损失小

因结构紧凑和体积小，换热器的外表面积也很小，因而热损失也很小，通常设备不再需要保温。

4. 使用安全可靠

在板片之间的密封装置上设计了两道密封，同时又设有信号孔，一旦发生泄漏，可将其排出换热器外部，既防止了两种介质相混，又起到了安全报警的作用。

5. 有利于低温热源的利用

由于两种介质几乎是全逆流流动，以及传热效果高，板式换热器两种介质的最小温差可达到1℃。用它来回收低温余热或利用低温热源都是最理想的。

6. 冷却水量小

板式换热器由于其流道的几何形状所致，以及两种介质都有很高的热效率，故可使冷却水用量大为降低。反过来又降低了管道、阀门和泵的安装费用。

7. 占地少，易维护

板式换热器的结构极为紧凑，在传热量相等的条件下，所占空间仅为管壳式换热器的1/3 ～1/2。并且不像管壳式那样需要预留出很大的空间，用来拉出管束检修。而板式换热器只需要松开夹紧螺杆，即可在原空间范围内百分之百地接触到换热板的表面，且拆装很方便。

8. 阻力损失少

在相同传热系数的条件下，板式换热器通过合理地选择流速，阻力损失可控制在管壳式换热器的 1/3 范围内。

9. 投资效率高

在相同传热量的前提下，板式换热器与管壳式换热器相比较，由于换热面积、占地面积、流体阻力、冷却水用量等项目数值的减少，使得设备投资、基建投资、动力消耗等费用大大降低，特别是当需要采用昂贵的材料时，由于效率高和板材薄，设备更显经济。

任务三 换热器安装

（1）板式换热器的两块压紧板上有 4 个吊耳，供起吊时用，吊绳不得挂在接管、定位横梁或板片上。

（2）换热器周围要留有 1 m 左右的空间，以便于检修。

（3）冷热介质进出口接管的安装，应严格按照出厂铭牌所规定方向连接，否则，换热器性能将受到影响。

（4）安装管路时，应在管路上配齐阀门、压力表、温度计，流量控制阀应装在换热器进口处，在出口处应装排气阀。

（5）设备管道里面要清理干净，防止砂石、焊渣等杂物进入换热器，造成堵塞。

（6）当使用介质不干净，有较大颗粒或长纤维时，进口处应装有过滤器。

（7）换热器连接管道安装焊接时，应将电焊地线搭在焊接处，严禁将地线搭在远处，使电流回路通过换热器而造成损坏。

任务四　使用投产前准备

（1）设备使用前应检查夹紧螺栓是否松动，按照说明书要求压紧到合适位置，以保证所有螺栓均匀一致。

（2）使用前按 1.25 倍的操作压力进行水压试验，保压 20 min 无泄漏方可投产。

（3）本设备使用前用自来水循环清洗 20 min 左右即可。

（4）在管路系统中应设有放气阀，开启后应排出设备中空气，防止空气停留在设备中，降低传热效果。

（5）冷热介质进出口接管的安装，应严格按出厂铭牌所规定方向连接。否则，不能发挥设备最佳性能。

（6）本设备用于食品、制药，投产前应将每只螺栓松开，将每一板片用棕刷清洗干净，应按照流程进行组装。用 82 ～90℃热水进行 10 ～ 20 min 循环消毒，立即启动物料泵，使冷却物料把板片内剩余水全部顶出，直至完全是物料即可生产了。

任务五　板式换热器的清洗和维护

（1）一般情况可不解体清洗，用水以与介质流动反方向冲洗，可冲出杂物，但压力不得高于工作压力，也可用对不锈钢无腐蚀性的化学清洗剂清洗。

（2）如长时间使用，板片会有一定的沉积物结垢而影响换热效果，因此须定期拆洗。拆洗时将换热器解体，用棕刷洗刷板片表面污垢，也可用无腐蚀性的化学清洗剂洗刷。注意不得用金属刷洗刷，以免损伤板片，影响防腐能力。

（3）拆装方法：

①普通式换热器：松开压紧螺栓，按顺序解体清洗后，严格按图纸流程顺序用工艺螺栓（即等于定位螺栓和压紧螺栓 1.5 倍长的螺栓，长出部分均为螺纹，直径与定位螺栓和压紧螺栓相同，由用户自行加工）组装压紧，再换上定位螺栓均匀压紧到不泄漏。

②悬挂式换热器：松开螺栓后，将活动压紧板向支架一端移去，然后将每块板片移开，分别洗刷后照原样装回压紧至不泄漏。

（4）换热器使用一定时间后，如有松动泄露，可再均匀压紧螺栓至不泄漏，但如果密封垫老化，则必须对密封垫进行更换。

（5）更换密封垫的方法：拉下旧垫片，用汽油浸泡密封槽内剩余胶水，清洗干净，干燥后再在槽内和密封垫背面薄薄涂上一层 801 强力胶，将密封垫嵌入槽内，四周均匀压紧，72 h 后方可组装使用。

任务六　板式换热器常见故障

1. 外漏

主要表现为渗漏量不大、水滴不连续和泄漏量较大，水滴连续外漏出现的主要部位为板片与板片之间的密封处、板片二道密封泄漏槽部位以及端部板片与压紧板内侧。

2. 串液

主要特征为压力较高一侧的介质串入压力较低一侧的介质中，系统中会呈现压力和温度的异常。如果介质具有腐蚀性，还可能导致管路中其他设备的腐蚀。串液通常发生在导流区域或者二道密封区域处。

3. 压降大

介质进口、入口压降超越设计要求，甚至高出设计值许多倍，严重影响系统对流量和温度的要求。供暖系统中，若热侧压降过大，则一次侧流量将严重不足，即热源不够，导致二次侧出温度不能满足要求。

4. 供热温度不能满足要求

主要特征是入口温度偏低，达不到设计要求。

任务七　原因分析及处理方法

1. 外漏

（1）发生原因

①夹紧尺寸不到位，各处尺寸不均匀，各处尺寸偏差不应大于3 mm或夹紧螺栓松动。

②局部密封垫脱离密封槽，密封垫主密封面有脏物，密封垫损坏或垫片老化。

③板片发生变形，组装错位引起跑垫。

④在板片密封槽部位或二道密封区域有裂纹。实例：北京、青海和新疆等地的多个热力站均采用饱和蒸汽作为一次侧热源供暖，由于蒸汽温度较高，设备运行初期系统不稳定的情况下，橡胶密封垫在高温下失效，引起蒸汽外漏。

（2）处置方法

①无压状态，按制造厂提供的夹紧尺寸重新夹紧设备，尺寸应均匀一致，压紧尺寸的偏差应不大于$\pm 0.2N$mm，N为板片总数。两压紧板间的平行度应保持在2 mm以内。

②外漏部位上做好标记，然后换热器解体逐一排查解决，重新装配或更换垫片和板片。

③将换热器解体，对板片变形部位进行修理或者更换板片。没有板片备件时可将变形部位板片暂时拆除后重新组装使用。

④重新组装拆开的板片时，应清洁板面，防止污物黏附于垫片密封面。

2. 串液

（1）发生原因

①板材选择不当导致板片腐蚀，发生裂纹或穿孔。

②操作条件不符合设计要求。

③板片冷冲压成型后的剩余应力和装配中夹紧尺寸过小，造成应力腐蚀。

④板片泄漏槽处有轻微渗漏，造成介质中有害物质腐蚀板片，形成串液。

（2）处置方法

①更换有裂纹或穿上板片，现场用透光法查找板片裂纹。

②调整运行参数，使其达到设计条件。

③换热器维修组装时夹紧尺寸应符合要求，并不是越小越好。

④板片资料合理匹配。

板式换热器操作规程

（1）开始运行操作时，如两种介质压力不一样，要先缓慢打开低压侧阀门，然后打开高压侧阀门。

（2）停车运行时应缓慢切断高压侧流体，再切断低压侧流体，请注意这样做将大大有助于提高本设备的使用寿命。

（3）设备应在本产品规定的工作温度、压力范围下操作。超温超压可能破坏密封性能，造成泄漏。禁止操作时猛烈冲击。

项目三　管壳式换热器

任务一　管壳式（列管式）换热器的应用和特点

管壳式换热器是最典型的间壁式换热器，它在工业上的应用有着悠久的历史，是目前化工及酒精生产上应用最广的一种换热器。而且至今仍在所有换热器中占据主导地位。

管壳式换热器（见图2－12）主要由壳体、管束、管板等部分组成。壳体多呈圆形，内部装有平行管束，管束两端固定于管板上。在管壳换热器内进行换热的两种流体，一种在管内流动，其行程称为管程；一种在管外流动，其行程称为壳程。管束的壁面即为传热面。为提高管外流体给热系数，通常在壳体内安装一定数量的横向折流挡板。折流挡板不仅可防止流体短路，增加流体速度，还迫使流体按规定路径多次错流通过管束，使湍动程度大为增加。常用的挡板有圆缺形和圆盘形两种，前者应用更为广泛。流体在管内每通过管束一次称为一个管程，每通过壳体一次称为一个壳程。为提高管内流体的速度，可在两端封头内设置适当隔板，将全部管子平均分隔成若干组。这样，流体可每次只通过部分管子而往返管束多次，称为多管程。同样，为提高管外流速，可在壳体内安装纵向挡板，使流体多次通过壳体空间，称为多壳程。在管壳式换热器内，由于管内外流体温度不同，壳体和管束的温度也不同，如两者温差很大，换热器内部将出现很大的热应力，可能使管子弯曲、断裂或从管板上松脱。因此，当管束和壳体温度差超过50℃时，应采取适当的温差补偿措施，消除或减小热应力。

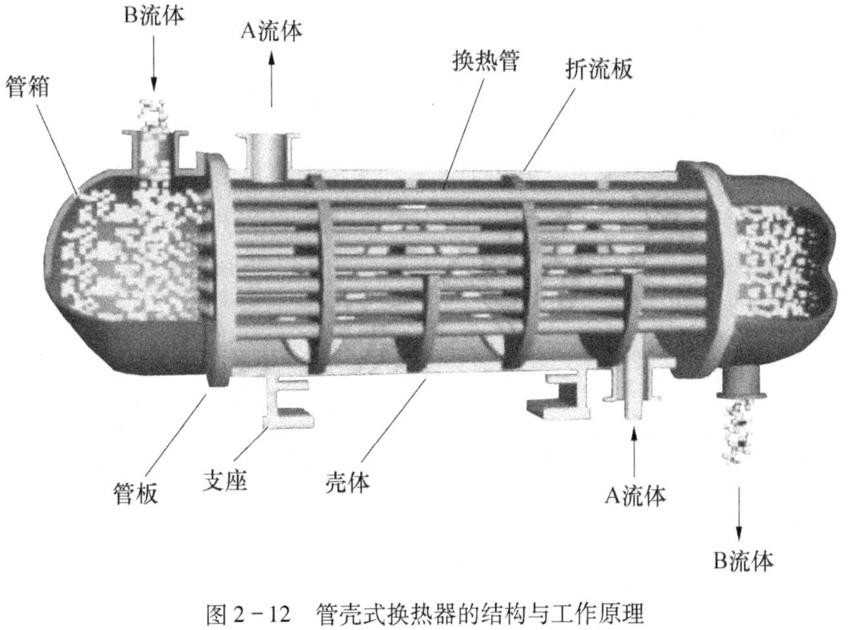

图2－12　管壳式换热器的结构与工作原理

任务二　管壳式换热器的检测内容

（1）处理换热器运行中所发现的问题（包括：跑、冒、滴、漏）。

（2）清理管层、壳层的污垢，疏通列管，给壳程冲压试漏。

（3）检查校验安全阀、压力表、温度计。

（4）检查换热构件的损坏情况，并进行修复。

（5）检查各密封面及密封垫，必要时更换。

（6）检查设备基础有无开裂、下沉，检查紧固基础螺栓。

（7）检查修补设备的防腐保温。

（8）更换密封填料。

（9）对换热管进行涡流检验。

（10）对所检查的各种缺陷进行处理。

（11）对高压螺栓100%磁粉检查、修复，损坏的层进行更换。

（12）按《压力容器安全技术规程》的规定对设备进行水压试验。

任务三　管壳式换热器拆装

（1）首先拆卸出入口法兰螺栓。

（2）拆去影响吊卸两端封头的所有管线、法兰、仪表等。

（3）松开填料压盖，将填料清除干净。

（4）用专用工具拆卸两端封头。

（5）用专用工具将管束抽出清理。

（6）安装顺序与拆卸顺序相反。

任务四　管壳式换热器的检修

因为换热器大多是以水为载热体的换热系统，而某些盐类在温度升高时从水中结晶析出，附着于换热管表面，形成水垢。在冷却水中加入聚磷酸盐类缓冲剂，当水的pH值较高时，也可导致水垢析出。初期形成的水垢比较松软，但随着垢层的生成，传热条件恶化，水垢中的结晶水逐渐失去，垢层即变硬，并牢固地附着于换热管表面上。

此外，如同水垢一样，当换热器的工作条件适合溶液析出晶体时，换热管表面上即可积附由物料结晶形成的垢层。当流体所含的机械杂质有机物较多而流体的流速又较小时，部分机械杂质或有机物也会在换热器内沉积，形成疏松、多孔或胶状污垢。

1. 管壁积垢的清除

换热器管束除垢的方法主要有下列三种。

（1）手工或机械方法

当管束有轻微堵塞和积垢时，借助于铲削、钢丝刷等手工或机械方法来进行清理，并用压缩空气、高压水和蒸汽等配合吹洗。当管子结垢比较严重或全部堵死时，可用管式冲水钻（又称为捅管机）进行清理。

（2）冲洗法

冲洗法有两种。第一种是逆流冲洗，一般是在运动过程中或短时间停车时采用，可以不拆开装置，但在设备上要预先设置逆流副线，当结垢情况并不严重时采用此法较为有效。

第二种方法是高压水枪冲洗法。对不同的换热器采用不同的旋转水枪头，可以是刚性的，也可以是绕性的，压力从 10 MPa 至 200 MPa 自由调节。利用高压水除污垢，无论对管间、管内及壳体均适用。高压水枪冲洗换热器效果较好，应用广泛。

（3）化学除垢

换热器管程结垢，主要有因为水质不好而形成的水垢及油垢的结焦沉淀和黏附两种形式。用化学法除垢，首先应对结垢物质化验分析，搞清结垢物性质，就可以决定采用哪种溶剂清洗。一般对硫酸盐和硅酸盐水垢采用碱洗（纯碱、烧碱、磷酸三钠等），碳酸盐水垢则用酸洗（盐酸、硝酸、磷酸、氟氢酸等）。对油垢结焦可用氢氧化钠、碳酸钠、洗衣粉、液体洗涤剂、硅酸钠和水按一定的配比配成清洗液进行清洗。采用化学清洗的办法，现场需要重新配管，比较花费时间。

2. 泄漏的检修

压力容器中换热管的泄漏一般有两个地方：一是管子的连接处，二是管子本身泄漏。

（1）管子连接处泄漏的处理

管子与管板的连接方法主要有三种：胀接、焊接、焊接及胀接。胀接管由于温度、压力的波动及温差变形的不均匀，造成管子从管板中拉脱、松动而泄漏，可采取补胀消除泄漏，如无效，可再次进行，补胀不能多于三次，否则将会使管板孔处材料冷作硬化而胀不紧。对补胀无效的需要更换管子或采取焊接的方法。应注意的是在焊接后，需将周围的列管再胀一次，因为焊后由于管板的热胀冷缩会引起四周其他管子胀接缝的泄漏。如果是管子与管板的焊缝漏，可打磨补焊处理。

（2）管子本身泄漏的处理

换热管由于腐蚀、磨蚀、冲蚀、沉积腐蚀等原因，常使管子产生裂纹、穿孔而泄漏。管子本身的泄漏一般情况下是无法修复的，假若泄漏的管子数量不多时，则可以用圆锥形的金属堵头将管口两端堵塞，如管的压力较高，堵紧后再焊住更为可靠。金属堵头的长度一般为管内径的两倍，小端直径应等于内径的 85%，锥度为 1∶10。

堵头材料的硬度应低于或等于管子的硬度。用堵管来消除泄漏时，堵管数不得超过 10%。当不锈钢换热管的一端损坏时，也可以采用拉管修复法，这是因为不锈钢管的延伸率为 40%～45%，当拉管总伸长不超过 12% 时，可以拉管多次。

3. 管子振动的修理方法

管子振动是管壳式换热器中常见故障的另一种形式。管子的振动容易使管端的胀接处松动，使管子与折流板的接触处产生磨损，降低管束的使用寿命。因此，应对管子的振动及时采取措施进行修理，以免造成不应有的事故。管子产生振动，不外乎是由于管子与折流板之间的间隙过大，加上介质脉冲性的流动而引起的。

对于管端胀接处的松动，可以用焊接的方法来修理。焊接时，为了减小焊接应力，应使用小电流的电弧焊；对于管子与折流板之间检修过大而产生的振动，应视其磨损程度采取不同的修理方法。如果管壁磨损严重时，可采取更换新管子的方法进行修理。如果管壁磨损轻微，应想办法减小管子与折流板之间的间隙，比如增加折流板的块数，或用木楔楔在管子与管子之间，以便减小和消除管子的振动。

对于因介质脉冲性流动而引起管子的振动，应从消除介质的脉冲性流动着手，以减小管子产生振动的可能性。比如，在管路中设置缓冲器等，使得介质流动趋于平稳，消除管子因此而产生的振动。

任务五　填料函式换热器检测

（1）要求考生在规定时间内完成一台填料函式换热器部件的组装。填料函式换热器的结构如图 2－13 所示。

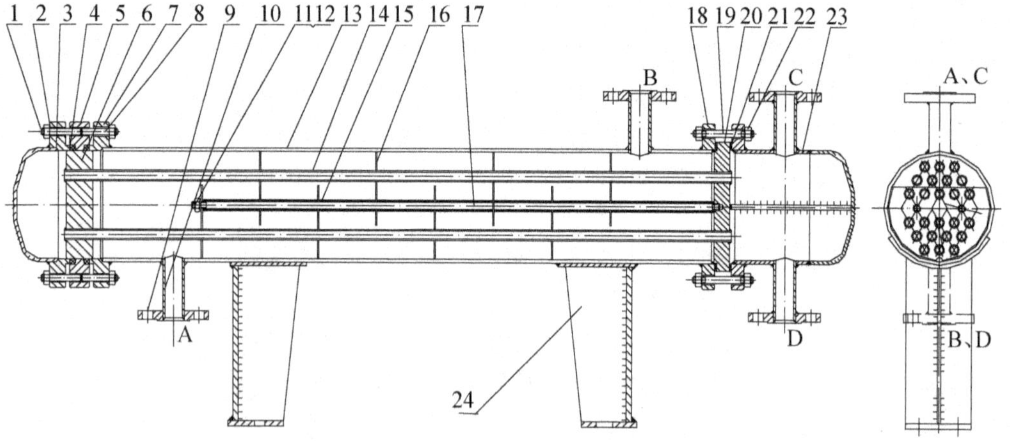

图 2－13　填料函式换热器的结构

1—螺母；2—等长双头螺栓；3—封头；4—O 形圈；5—管板法兰；6—活动管板；7—容器法兰Ⅰ；8—等长双头螺栓；9—接管法兰；10—接管；11—螺母；12—垫片；13—筒体；14—换热管；15—定距管；16—折流板；17—拉杆；18—法兰Ⅱ；19—等长双头螺柱；20—管板；21—垫片；22—螺母；23—管箱；24—支座

（2）要求考生在规定时间内完成填料函式换热器壳程和管程试压系统的组装，管线安装示意流程图如图 2－14、图 2－15 所示。

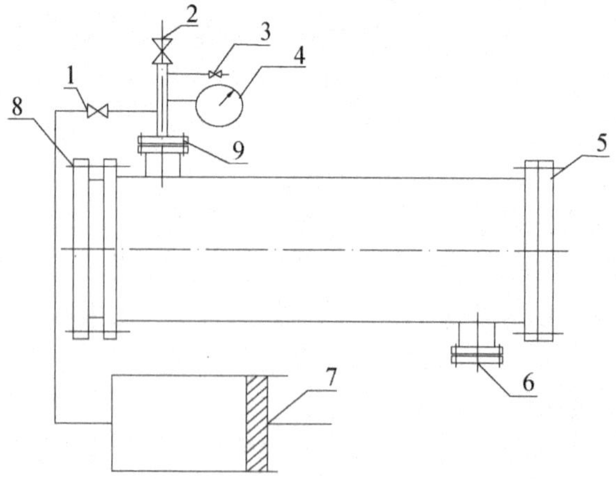

图 2－14　壳程试压流程图

1—进水节流阀；2—安全阀；3—出水节流阀；4—压力表；5—管板法兰；6—盲板；7—SYL 手动试压泵；8—试压辅助法兰；9—改造试压盲板

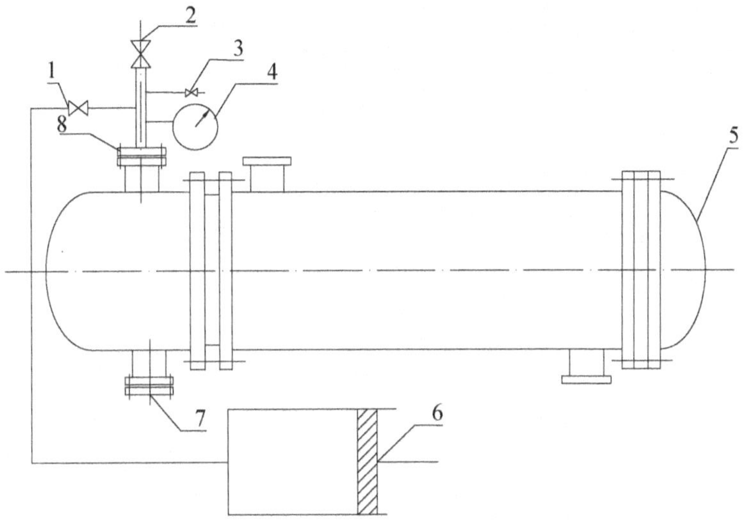

图 2-15　管程试压流程图

1—进水节流阀；2—安全阀；3—出水节流阀；4—压力表；
5—封头；6—SYL 手动试压泵；7—盲板；8—改造试压盲板

(3) 考生可参照此流程图安装。试压用工具、管件、试压法兰圈、阀门、仪表等均由考生自己按领料清单指定的规格、数量领取。

(4) 换热器安装方式及质量要求：设备部件采用法兰连接，试压管线采用法兰连接或螺纹连接，各连接部分必须连接密封可靠；采用手动试压泵对设备壳程以及管程进行水压试验，试压步骤正确，操作无误，换热器管程设计压力 1.5 MPa，壳程 1.0 MPa；能够正确出具换热器壳程和管程压力试验检验报告单。

表 2-4 为换热器装拆及试压检验竞赛考核项目内容。

表 2-4　换热器装拆及试压检验竞赛考核项目内容

考核项目	考　核　内　容
换热器装拆及试压前的准备	(1) 填写清单时间 T_1 =　　　，领件开始时间（裁判示意）T_2 =　　　，领件回到现场时间（选手举手示意）T_3 =
	(2) 拆装、试压总清单填写正确与否
	(3) 领件时间 $\Delta T_1 = T_1 + (T_3 - T_2)$ =
	(4) 领阀门、仪表及工具是否有错及遗漏
换热器壳程试压	(5) 按试压系统图组装壳程试压设备所选部件及组装顺序是否正确
	(6) 换热器各密封处垫片安装是否正确
	(7) 各法兰连接处螺栓紧固的次序以及方法是否正确
	(8) 盲板、试压改造盲板安装是否到位
	(9) 试压用管件、阀门、仪表有无装错
	(10) 试压前有无排气、排气是否干净，各检验部位是否擦拭干净
	(11) 试验压力操作是否准确

考核项目	考　核　内　容
换热器壳程试压	（12）对设备进行检查时压力______ MPa，正确指出应检查的部位，并回答有关问题
	（13）试压是否有泄露，若有泄露重新试压过程是否正确
	（14）泄压及试压设备的拆除方法是否正确
	（15）安装设备过程中，有无用铁质工具敲击
	（16）有无法兰安装不平行、偏心
	（17）压力检验报告填写是否完整、正确
	（18）设备内液体是否尽量放尽
	（19）壳程试压时间 ΔT_2
换热器管程试压	（20）按管程试压系统图选择组装管程试压所需部件是否正确
	（21）换热器各部件组装顺序是否正确
	（22）换热器各密封处垫片安装是否正确
	（23）各法兰连接处螺栓紧固的次序以及方法是否正确
	（24）盲板、试压改造盲板安装是否到位
	（25）试压用管件、阀门、仪表有无装错
	（26）试压前有无排气、排气是否干净，各检验部位是否擦拭干净
	（27）试验压力下操作是否准确
	（28）对设备进行检查时压力______ MPa，正确指出应检查的部位，并回答有关问题
	（29）试压是否有泄露，若有泄漏重新试压过程是否正确
	（30）泄压及试压设备的拆除方法是否正确
	（31）安装设备过程时，有无用铁质工具敲击
	（32）有无法兰安装不平行、偏心
	（33）压力检验报告填写是否完整、正确
	（34）管程试压的时间 ΔT_3
试压系统、换热器的拆除及现场清理	（35）拆除后，是否对照清单，完好归还和放好设备部件、仪表、管件、工具等
	（36）拆除结束后是否清扫现场
	（37）拆除清理时间 ΔT_4
文明安全操作	（37）整个试压、装拆过程中选手穿戴是否规范，是否越限
	（38）是否有撞头、伤害到别人或自己、物件掉地等不安全操作
	（39）是否服从裁判管理
操作质量	（40）拆装、试压总时间 $\Delta T = \Delta T_1 + \Delta T_2 + \Delta T_3 + \Delta T_4$
	（41）拆装、试压过程的合理性

实训六　鼓风机拆装

知识目标： 鼓风机的类型和用途
能力目标： 掌握鼓风机的拆装和调试方法
实施建议： 课室、现场或视频讲解
项目考核： 叶氏鼓风机的拆装和调试

鼓风机输送的介质以清洁空气、清洁煤气、二氧化硫及其他惰性气体为主，也可按需生产输送其他易燃、易爆、易蚀、有毒及特殊气体。因而能广泛适用于冶金、化工、化肥、石化、食品、建材、石油、矿井、纺织、煤气站、气力输送、污水处理等各工业部门。

项目一　鼓风机的分类、特点

任务一　鼓风机的分类

1. 按风压分

根据风机的压力，可将风机分为低压风机、中压风机和高压风机。

其压力范围如下：

低压：风机全压 $H \leqslant 1000$ Pa

中压：1000 Pa $< H \leqslant 3000$ Pa

高压（离心风机）：3000 Pa $< H \leqslant 15000$ Pa

通风工程中大多采用低压与中低压风机。

2. 按用途分

风机广泛应用于隧道、地下车库、高级民用建筑、冶金、厂矿等场所的通风换气及消防高温排烟。可分为通用风机、排尘风机、工业通风换气风机、锅炉引风机，矿用风机等。

矿用风机按其用途不同又可分为：主扇、辅扇和局扇。主扇用于全矿井的通风，辅扇用于通风网络中某分支风路的风量调节，局扇用于局部地点的通风。

污水处理风机按类型又可分为：离心式风机、罗茨风机、侧流式风机、水环式风机等。

根据用途不同，可大致将常用的风机分为以下类型：

①离心压缩机；

②电站风机；

③一般离心通风机；

④一般轴流通风机；

⑤罗茨鼓风机；

⑥污水处理风机；

⑦高温风机；
⑧空调风机；
⑨消防风机；
⑩矿井风机；
⑪烟草风机；
⑫粮食风机；
⑬船用风机；
⑭排尘风机；
⑮屋顶风机；
⑯锅炉鼓引风机。

3. 按原理分

可分为离心式风机和轴流式通风机。

4. 按技术分

按照轴承技术分，可分为一般机械轴承式鼓风机、轴悬浮轴承鼓风机、气悬浮轴承鼓风机。

任务二　鼓风机的特点

（1）由于叶轮在机体内运转无摩擦，不需要润滑，使排出的气体不含油。是化工、食品等工业理想的气力输送设备。

（2）鼓风机属容积运转式鼓风机。使用时，随着压力的变化，流量变动甚小，但流量随着转速而变化。因此，压力的选择范围很宽，流量的选择可通过选择转速而达到需要。

（3）鼓风机的转速较高，转子与转子、转子与机体之间的间隙小，从而泄露少，容积效率较高。

（4）鼓风机的结构决定其机械摩擦损耗非常小。因为只有轴承和齿轮副有机械接触，在选材上转子、机壳和齿轮圈有足够的机械强度。运行安全、使用寿命长是鼓风机产品的一大特色。

（5）鼓风机的转子均经过静、动平衡校验。成品运转平稳，振动极小。

（6）具有以上特点的鼓风机主要有：罗茨鼓风机、侧流式鼓风机。

项目二　离心式鼓风机

离心式鼓风机的工作原理：当电动机转动时，风机的叶轮随着转动，叶轮旋转时产生离心力，将空气从叶轮中心甩出。空气从叶轮中心甩出后汇集在机壳中，由于速度慢，压力高，空气便从鼓风机出口排出流入管道。当叶轮中的空气被排出后，叶轮中心形成负压，吸入口外面的空气在大气压的作用下又被压入叶轮中。因此，随着叶轮的不断旋转，空气也就在风机的作用下，在管道中不断流动。

项目三　罗茨鼓风机

图 2－16 是罗茨鼓风机的工作原理图。罗茨鼓风机为容积式风机，输送的风量与转数成比例，三叶型叶轮每转动一次由 2 个叶轮进行 3 次吸、排气。与二叶型相比，气体脉动变少，负荷变化小，机械强度高，噪声低，振动也小。在两根平行的轴上设有 2 个三叶型叶轮，轮与椭圆形机箱内孔面及各叶轮三者之间始终保持微小的间隙。由于叶轮互为反方向匀速旋转，使箱体和叶轮所包围着的一定量的气体由吸入的一侧输送到排出的一侧。各支叶轮始终由同步齿轮保持正确的相位，不会出现互相碰触现象，因而可以高速化，不需要内部润滑，而且结构简单，运转平稳，性能稳定，适应多种用途，已运用于广泛的领域。

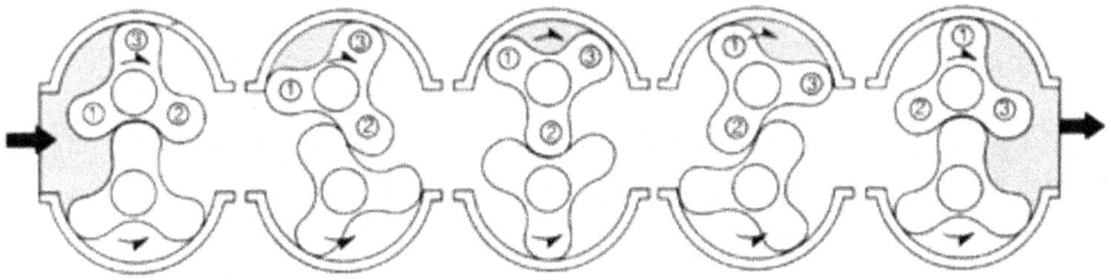

图 2－16　罗茨鼓风机的工作原理图

实训七　管路拆装

知识目标：管子、管件、阀门、管路连接基本知识

能力目标：掌握管路连接和管路试压方法

实施建议：课室、现场或视频讲解

项目考核：管路拆装和管路试压

项目一　化工管路拆装检修安全常识

化工生产具有易燃、易爆，有害物质多，介质腐蚀性强，生产连续性高，生产方法和工艺流程多样、复杂等特点。检修的对象多半是接触易燃、易爆，有毒、有腐蚀性物质的设备，特别是在化工管路和容器检修过程中，有时需要进入密闭的容器内作业，稍有不慎，就会造成人身事故。为了保证化工生产的安全进行，防止事故的发生，下面简要介绍一些化工管路拆装与修理过程中的安全常识。

1. 管路或容器内检修时常发生的事故及其原因

（1）窒息

管路和容器内充满惰性气体或其他气体，氧气不足（氧含量低于16%）就能造成窒息。

（2）中毒

管路和容器内盛有的有毒气体或液体（如苯、甲醛、硫化碳、一氧化碳、硫化氢等）未排除干净而致人中毒。

（3）爆炸

管路和容器内盛有的易燃液体或易燃气体（如汽油、甲醇、乙醇、苯、氢气、氨等）未排除干净，与空气混合达到爆炸浓度，遇明火即发生爆炸。

（4）触电

在管路和容器内检修的，由于皮肤出汗而使人体电阻变得很小，若金属外壳导电，即使在低电压下，也易触电。

（5）化学灼伤

管路和容器内盛有的酸、碱等介质未清洗干净，或进料管线未切断，有酸、碱溅出，可使人灼伤。

2. 管路检修的安全要求

（1）管路检修前的处理

管路检修前应做停车、卸压、清洗、置换、通风处理，其处理的步骤与方法见表2－5。

表 2-5　管路检修前处理的步骤与方法

步　骤	方　　法
停车、降温、卸压	关闭进口阀，停止传动设备，压力降至常压时，打开管路或容器排放阀（缓缓打开，注意余压）
隔离、切断	管路或容器内有传动设备，应切断电源，取下开关保险，卸掉传动皮带，并挂上警告牌，设备上的物料、管线（包括惰性气、蒸气管线）应切断出入口阀门或卸下进口一节管线。 将设备与管线之间的阀门一侧装上盲板，并挂上明显的标志
排除容器内介质	将容器内残留介质排放干净，附着在容器壁上的易燃有害物质应铲除掉。从容器中排放非导电性液体时，如苯、乙醚等，为防止静电产生，需把容器与容器之间用导线连接并接地
清洗	容器内残留酸、碱物质可用水稀释排放掉，可溶物用水冲洗，有机物可用蒸汽吹扫或热水蒸煮。 对黏胶状物采用能溶解黏胶状物的洗涤剂清除
置换	容器内易燃、易爆和有害气体，一般可用“加水排气”法压出，也可以直接用惰性气体或低压饱和蒸气进行吹扫置换，惰性气体含氧量应小于 1%。吹扫开始，压力逐渐加大到 2×10^5 Pa，维持 2 h，然后压力增至小于 5×10^5 Pa。 若需进入容器、管道内部检修，置换后，还须再用空气进行置换
气体取样分析	容器内气体必须达到以下要求： 可燃气体（或蒸气）或粉尘的浓度小于爆炸下限的 1/4。下限高于 4% 的，置换后的体积分数应小于 0.5%；下限低于 4% 的，置换后的体积分数应小于 0.2%； 有毒气体（或蒸气）浓度不得超过劳动卫生标准最高允许浓度； 有毒气体及粉尘的浓度不得超过《工业企业设计卫生标准》规定的最高允许浓度，空气含氧量为 19%～21%
通风	将容器进出口全部打开，进行自然通风或机械通风。如容器内有可燃气体时，必须用防爆通风装置进行通风

（2）管路或容器检修过程的安全要求

容器、管道虽经检修前处理，但在检修过程中仍可能产生有害介质，如在容器中涂漆、焊接、除锈以及残存物料挥发出有毒物质等，所以检修中仍需采取安全措施，见表 2-6。

（3）工具的安全要求

工具的安全要求见表 2-7。

表 2-6　管路或容器检修中的安全措施

项目	措　施
分析检查	经常分析检查容器内氧气、一氧化碳、二氧化碳、硫化氢、氰酸气、甲烷、乙炔、汽油、有机溶剂蒸气等，其浓度应符合劳动卫生标准。分析检查一般每 2 h 一次
通风	检修中应不断地往容器内通风置气
监护	检修者应佩戴有急救绳的安全带，容器外应有人监护，监护人应站在能够观察检修者的位置，时刻注意观察，并抓住急救绳的一端，随时准备救护。在容器外近处，准备一套急救用的氧气呼吸器或送风式长管面具，以备急用

表 2-7　工具的安全要求

项目	安　全　要　求
照明灯具	容器内有可燃气体时，携带式安全灯的灯泡必须有带玻璃壳的保护罩； 导线采用绝缘良好的橡皮或聚氯乙烯护套线，并不许有伤痕； 携带式灯具，要用钩子吊住； 灯具在容器内使用，要求一直明亮，不要关闭； 手提式安全灯电压不得超过 36 V。在潮湿场所，金属容器及钢架结构物等危险处灯具电压不得超过 12 V，或采用小电池为电源的手提式防爆灯
手动工具	手动工具要与作业性质相适应。要经常维护保养，处于良好状态； 在可能存在易燃、易爆气体或粉尘的容器内，要用不易产生火花的金属工具（如黄铜，青铜等），并以压缩空气作动力
电动工具	经常维护保养，使之处于良好状态； 携带式电动工具的外壳要用导线可靠接地； 在有可能存有易燃、易爆气体或粉尘的容器内，宜采用风动工具
焊接工具	在容器内焊接时，应铺好橡皮垫板，并在电气设备上盖上保护罩； 焊接时要进行通风换气； 不准在容器内随意排放乙炔气或氧气
梯子	梯子上端必须固定在容器壁上，下端要采取防滑措施； 在玻璃钢衬里，搪瓷的容器内要采用吊梯

（4）管路安装与拆卸的安全要求

①管路安装时，必须同时做好支架将管体卡牢，以免管子掉下伤人。

②管路安装未完时，要用木制圆塞堵好管口，并做好标记。中途停止安装时，要用盲板封住管口（或焊上堵头），再安装时，要重新检查并清理管内杂物。

③在生产中进行各种管线的安装或拆除旧管路时，应先进行空气置换，置换后用盲板与生产系统隔开，经分析合格后，才能安装或拆除。

④高压管路安装前，必须用压缩空气和蒸汽吹扫管内污物、焊渣等，并检查是否畅通。

⑤对于特殊管路（如有色金属管路、高压管路等）或特殊介质（如氧气、氮气、液

氮等）管路，应按照相应技术文件的规定进行检修和安装。

（5）沟、井、池检修的安全要求。阴井、地沟、涵洞、下水道、污水池等，检修时要视沟、井、池内具体情况采取不同安全措施。对于排放易燃、易爆、有害物质的沟、井、池，检修时的安全要求见表2－8。

表2－8　沟、井、池检修时的安全要求

项目	安全要求
分析检验	通常分析检验氧气、一氧化碳、甲烷、硫化氢、二氧化碳等，具体分析检验项目要视排放物来确定。若动火，其浓度应符合动火指标。若检修清理，其有害气体浓度应符合劳动卫生标准，或佩戴防毒用具
清理	经分析检验，确认含有易燃、易爆、有害物质时，应进行清理和吹扫，可采用水冲洗或蒸汽吹扫，直至分析检验合格
通风	进出口孔盖全部打开，进行自然通风或采取机械强制通风
监护	与容器、管道检修相同

项目二　化工管路标准

任务一　管路的直径标准

1. 公称直径

化工管路的公称直径又称公称通径，就是各种管子和管路附件的通用口径，是为设计制造、安装维修的方便而规定的一种标准直径。同一公称直径的管子和管路附件均能相互连接在一起，具有互换性。有的制品的公称直径等于实际内径，例如阀门和铸铁管等。但大多数制品的公称直径既不是实际内径也不是实际外径，而是和内径相接近的一个整数，是经过圆整了的一个参考数值，和实际尺寸相近，但不相等。

公称直径国际上约定用 D_N 表示，后面的数字表示管子公称直径的数值，单位是mm。例如 D_N100，表示制品的公称直径是100 mm。表2－9是现行的管子和管路附件公称直径标准系列。从表中可知，公称直径在1～4000 mm范围内，由51个级别组成。其中15、20、32、40、50、65、80、100、125、150、200、250、300、350、400、500、600、800、1000（单位：mm）等20个级别是化工管路常用的通径。

表2－9　现行的管子和管路附件公称直径标准系列

公称直径/mm							公称直径/mm					
1	5	15	40	100	200	400	700	1100	1500	2000	2800	3600
2	6	20	50	125	250	450	800	1200	1600	2200	3000	3800
3	8	25	65	150	300	500	900	1300	1700	2400	3200	4000
4	10	32	80	175	350	600	1000	1400	1800	2600	3400	

2. 公称直径的表示方法

公称直径有公制和英制两种表示法。公制的表示法如上所述，英制的以英寸为单位。公制—英制换算关系为 1 in(英寸) =25. 4 mm。对于螺纹连接的管子，公称直径习惯上通用英制管螺纹尺寸表示（见表 2 - 10）。无缝钢管的公称直径是指其外径。

表 2 - 10　部分公称直径相当的管螺纹尺寸

公称尺寸/mm	管螺纹尺寸/in	公称尺寸/mm	管螺纹尺寸/in	公称尺寸/mm	管螺纹尺寸/in	公称尺寸/mm	管螺纹尺寸/in	公称尺寸/mm	管螺纹尺寸/in
8	1/4	20	3/4	40	3/2	80	3	150	6
10	3/8	25	1	50	2	100	4	200	8
15	1/2	32	5/4	65	5/2	125	5	250	10

任务二　管路的压力标准

管路压力可分为公称压力、试验压力和工作压力。压力的单位采用国际单位制，用 Pa 表示。常用单位有 1×10^5Pa(1×10^5Pa≈1kgf · cm^{-2})和 MPa(兆帕)，1MPa = 10^6Pa。

1. 公称压力

公称压力是为设计制造和安装维修的方便而规定的一种标准压力。管路的公称压力根据国家标准 GB 1048—1970 规定，从(0. 5～2500) $\times10^5$Pa 共分为 26 个等级；在化工管路中一般用 2. 5、6、10、16、25、40、64、100、160、200、250、320（单位：10^5Pa），共 12 个等级。公称压力用 p_N 表示，后面附加压力数值。例如，p_N100 表示公称压力为 100 $\times10^5$Pa。

2. 试验压力

试验压力是对管路进行水压强度试验和密封试验而规定的一种压力，用 p_s 表示，后面附加压力数位。

例如，p_s100 表示管路的试验压力是 100 $\times10^5$Pa。管路的公称压力和试验压力关系见表 2 - 11。

表 2 - 11　管路的公称压力和试验压力关系　　单位：10^5Pa

p_N	p_s	p_N	p_s	p_N	p_s	p_N	p_s
0. 5	—	25	38	200	300	1000	1300
1	2	40	60	250	380	1250	1600
2. 5	4	64	96	320	480	1600	2000
4	6	80	120	400	560	2000	2500
6	9	100	150	500	700	2500	3200
10	18	130	195	640	900		
16	24	160	240	800	1100		

3. 工作压力

工作压力亦称操作压力，是为保证管路工作时的安全而规定的一种最大压力。因管路制作材料的机械强度随温度的升高而降低，故管路所能承受的最大工作压力也随介质温度的升高而降低。工作压力用 p 表示，后面的附加值是最高工作温度除以 10 所得的整数。例如，管路所能承受介质的最高温度是 400℃，公称压力为 100×10^5 Pa，其工作压力用 $p_{40}100$ 表示。

项目三 管子

化工管路中所使用的管子种类繁多，根据公称直径的大小可分为如前所述的 51 个级别；根据管子可承受介质的压力可分为低压管（$2.5\times10^5\sim16\times10^5$ Pa）、中压管（$25\times10^5\sim64\times10^5$ Pa）、高压管（$100\times10^5\sim1000\times10^5$ Pa）和超高压管（1000×10^5 Pa 以上）四种；根据管材又可分为金属管、非金属管和衬里管三大类。现对金属管、非金属管和衬里管分述如下。

任务一 金属管

常用的金属管有以下几种。

1. 钢管

钢管可分为有缝钢管和无缝钢管两大类。

（1）有缝钢管

有缝钢管包括水管、煤气钢管和电焊钢管两种。其中，水管、煤气钢管是用扁钢经过卷制成管形并把对缝焊接而成的管子。其外表面有镀锌（白管）和不镀锌（黑管）的，镀锌管比不镀锌管重 3%～6%；管壁厚度有普通的和加厚的；管端有带螺纹的和不带螺纹的。

水管、煤气钢管的耐压强度低，一般使用在压力不高的管路上，其能承受的最大工作压力，普通壁厚的钢管 $\leqslant6\times10^5$ Pa，加厚的钢管 $\leqslant100\times10^5$ Pa，工作温度不宜超过 175℃。

电焊钢管是用软钢板条，采用直卷法或螺旋法制成管形后电焊而成的。一般用于承受压力较低或严格要求的管路上。

（2）无缝钢管

无缝钢管是由圆钢坯加热后经穿管机热轧而成的，或者再经过冷拔成为直径较小的管子，因其没有接缝，所以称它为无缝管，前者为热轧无缝钢管，后者为冷拔无缝钢管。无缝钢管的强度比有缝钢管的强度高，可作为高压、易燃、易爆、有毒介质的输送管路。当需输送强腐蚀介质时，一般采用不锈钢或耐酸钢的无缝管。无缝管的规格用外径 × 壁厚（如 22 mm × 3.25 mm）表示。

2. 铸铁管

铸铁管分为普通铸铁管和硅铁管两种。

（1）普通铸铁管

普通铸铁管用优质灰铸铁铸造。由于铸铁管对泥土、酸碱的耐蚀性好，所以常被埋入地下作为上水总管、煤气总管或污水管等。但是普通铸铁管由于强度低、材质结构疏松，容易脆裂，所以不能用作蒸汽管或在较高压力下输送易燃、易爆及有毒介质的管路。普通铸铁管的管端头有承插式和法兰式两种（如图 2－17 所示）。

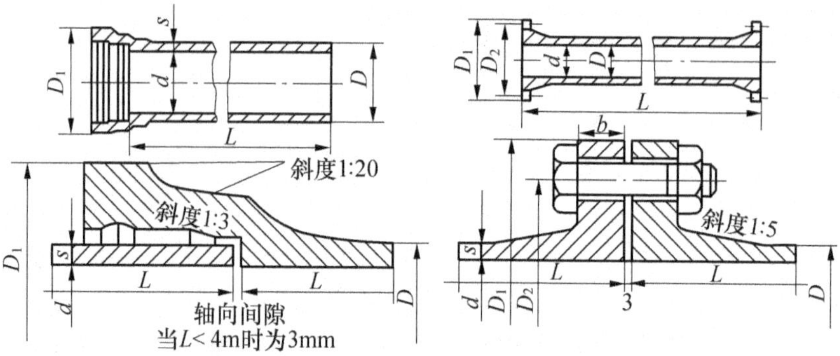

图 2－17　普通铸铁管的管端头

（2）硅铁管

硅铁管能承受多种强酸的腐蚀，是化工生产中很好的耐腐蚀管材。但是它的硬度很高，脆性较大，当受到敲击、碰撞、局部受热或局部急剧冷却时都容易产生破裂，所以在使用时应特别注意，在维修工作中需要修磨时，必须用金刚砂轮来进行。硅铁管的管端铸有供连接用的凸肩（如图 2－18 所示）。硅铁管连接时，需要使用对开式松套法兰，其结构如图 2－19 所示。

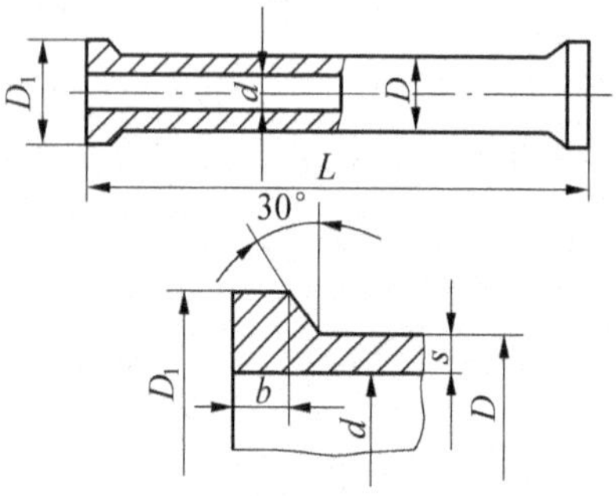

图 2－18　硅铁管的管端

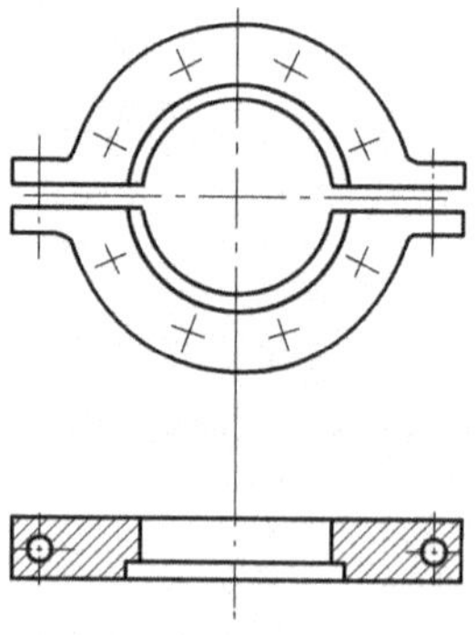

图 2－19　对开式松套法兰

3. 有色金属管

化工生产中常用的有色金属管有铜管、铝管和铅管三种。

（1）铜管

常用的铜管有紫铜管和黄铜管两种。其规格用外径 × 壁厚表示。

紫铜管是纯铜经拉制或压制出来的无缝管，在低温的情况下具有良好的机械性能，所以通常被用于制氧设备的低温管路，也常用作输油管路。当铜管的工作温度升高时，其机械性能会降低，所以不能在高温下使用。

黄铜管是以铜锌合金为材质，经拉制或压制出来的无缝管。其机械强度高于紫铜管，通常用作中小型列管式换热器中的管束。黄铜管弯曲加工时，应先进行退火处理，以提高其韧性。其操作方法是将管子加热到 600 ～650℃，在空气中冷却（退火）后即可进行弯制。铜管连接时可在管口进行翻边，然后用松套法兰连接，也可用钎焊或活管接的方法进行连接。

（2）铝管及铝合金管

铝管及铝合金管是通过拉制而成的无缝管。用于输送脂肪酸、硫化氢、二氧化碳等介质，也可用于输送硝酸、乙酸及甲酸等化学介质，但不可用于碱液、盐酸（特别是含氯离子的化合物）的输送。由于铝在低温的情况下能保持较好的力学性能，故在空气分离及冷冻系统中也得到广泛的应用。当温度升高时，铝管的力学性能会明显下降，所以其使用的工作温度不宜超过160℃。对铝管进行弯曲加工时，软铝管可以直接进行冷弯。硬质铝管弯曲前应进行退火处理，其操作方法是将管子加热到200～300℃，然后放到水中冷却，使其软化后再进行弯曲。铝管的管口可先进行翻边，然后用松套法兰连接，也可使用焊接连接。其规格用外径×壁厚表示。

（3）铅管及铅合金管

铅管及铅合金管是经铸造而成的。用于输送浓度小于70%的硫酸、浓度小于60%的乙酸或氟氯酸，其最高使用温度为200℃。铅管及铅合金管具有重量大、熔点低、导热性差、机械强度差等缺点，所以在不少场合已被塑料管代替。铅管的两端带法兰时，可直接用法兰连接；当不带法兰时，可采用焊接。在安装时，必须将铅管放在木槽内或特制的型槽内，以防管路下垂造成损坏。铅管及铅合金管的规格用外径×壁厚表示。

任务二　非金属管

由于非金属管具有质轻、价廉、耐蚀的特点，且随着科学技术的发展，强度更高、性能更好的非金属材料不断被研制和采用，使非金属管的强度不断提高，故在化工生产中的使用范围越来越广。常用的非金属管如下。

1. 塑料管

塑料管能承受稀酸、碱液等介质腐蚀，机械加工性能好，质量轻，所以在化工生产中应用极为广泛。但是，塑料管不能承受浓酸的氧化和碳氢化合物的溶胀作用。常用的塑料管如下。

（1）酚醛塑料管

酚醛塑料是热固性材料，经过热成型制管后不能再进行任何变形加工，但其强度比硬聚氯乙烯塑料管高，“老化”也比硬聚氯乙烯塑料管来得慢。酚醛塑料管可分为两种：一种是用酚醛树脂和石棉作主要原料制成的塑料管，另一种是用浸渍酚醛树脂的棉布经卷压而成的夹布酚醛塑料管。

（2）硬聚氯乙烯塑料管

硬聚氯乙烯塑料管为热塑性材料制成，安装和维修时易于加工，通常只需稍微加热即可进行弯制。除强氧化剂外，它能承受多种酸、碱介质的腐蚀，并由于其导热性差、热容缺较小，故其使用时一般不需设置保温层。但是，输送热介质时，温度不宜超过60℃，并且管路遇热后的膨胀系数大，需加设补偿器进行热补偿。同时，管路易受气温和阳光的影响，随时间的增长会“老化”变质。硬聚氯乙烯塑料管可采用对焊、承插、固定套管和松套法兰等方法连接。

（3）聚氯乙烯软管

聚氯乙烯软管由聚氯乙烯树脂、增塑剂、稳定剂等经挤压而成，用于输送液体。

（4）聚乙烯管

聚乙烯管由高压聚乙烯、低压聚乙烯粒状塑料经挤压而成。它具有良好的耐腐蚀性、耐溶剂性能，介电性好，吸水性小，无毒，质轻，可供输送腐蚀性液体用。

（5）聚四氟乙烯管

聚四氟乙烯管是由聚四氟乙烯分散聚合树脂在常温下以有机溶剂为助挤剂，用推压法成型。可输送 -180 ～250 ℃ 的腐蚀性流体和用作高频绝缘导线管等。

2. 尼龙 1010 管

尼龙 1010 管对大多数化学物质具有良好的稳定性，但不宜与强酸类、强碱类、酚类等介质直接接触。

3. 石英玻璃管

石英玻璃管分为透明石英玻璃管和不透明石英玻璃管两种。它是二氧化硅的熔融物，耐蚀性特别强，除氟氧酸外，即使在高温下对硫酸、硝酸、王水（硝基盐酸）也具有很高的抵抗能力。

（1）透明石英玻璃管

透明石英玻璃管具有化学稳定性高、透明、光滑、价廉等优点，一般用作实验室用管路。透明石英玻璃管在管路中有松套法兰、承插和套筒式等几种连接形式。

（2）不透明石英玻璃管

不透明石英玻璃管适用于耐高温、耐强酸、耐电压以及对热稳定性有一定要求的管路。

4. 玻璃钢管

玻璃钢管又叫玻璃纤维增强塑料管。它具有质量轻、强度高、耐高温、耐腐蚀、绝缘、隔声、隔热等优点。随着化学工业的发展，玻璃钢管的应用日益广泛。在管路中，玻璃钢管常采用普通法兰、松套法兰和承插等方法连接。

5. 玻璃钢增强管

玻璃钢增强管是为了克服玻璃钢管质脆的弱点而研制成的。玻璃钢增强管既发挥了玻璃管的优良耐蚀性能，又提高了机械强度。

6. 耐酸陶瓷管

耐酸陶瓷管是用耐酸陶瓷经高温烧结而成的，它具有很好的耐腐蚀性。因此，可作为输送具有腐蚀性介质的管路。耐酸陶瓷管的管端具有凸肩时，可采用松套法兰连接；具有承插口时，可采用承插连接。

7. 橡胶管

橡胶管是生橡胶与填料的混合物经过热硫化后制成的挠性管子。橡胶管按用途不同，可分为抽吸管、压力管、蒸汽管等几种；按结构不同，又可分为纯橡胶的小直径管、橡胶帆布挠性管、橡胶螺旋钢丝挠性管等几种。橡胶管能耐多种介质的腐蚀，但在化工管路中使用较少，一般只作临时性管路或作为某些管路的连接件。

任务三　衬里管

衬里管是在碳钢管的内表面衬上一层其他材料制成的管子。根据所衬材质的不同，可分为衬铅管、衬铝管、衬不锈钢管、衬橡胶管、衬塑料管等多种。衬里管的外层采用碳钢，内层采用耐腐蚀性材料，所以其具有强度高、耐蚀性好的优点。

项目四　管件

管件是管路的连接件。它的作用是连接管子、改变管路方向、接出支路、变更管子的公称直径、调节流量、沟通或封闭管路等。管件一般是采用锻造、铸造或模压的方法制造的，有些管件可在安装修理现场加工而成。大多数管件均已标准化。

任务一　水管、煤气钢管的管件

水管、煤气钢管的管件已标准化，通常由可锻铸铁 KT33－8 制造，适用作公称压力小于 1.6 MPa、温度低于 175℃的水管、煤气管的连接件。当要求较高时也可用钢制管件。水管、煤气钢管管件螺纹连接的规格见表 2－12。

表 2－12　水管、煤气钢管管件螺纹连接的规格

公称直径 /mm	6	10	15	20	25	32	40	50	65	80	100	125	150
管螺纹直径 /in	1/8	3/8	1/2	3/4	1	5/4	3/2	2	5/2	3	4	5	6

任务二　电焊钢管、无缝钢管和有色金属管的管件

这类管件已部分标准化，如冲压弯头、异径管、三通等，大多采用管子在安装修理现场加工而成。这些管件和管子的连接有法兰连接和焊接等方法。由于管子的直径越大，弯曲就越困难，因此 $D_N > 100$ mm 的管子弯制弯头时，应采用有皱褶弯法或对焊接法（虾米腰）。这种方法可减小管件的结构尺寸，其缺点是制作较难，流体阻力较大。

水管、煤气钢管管件的种类和用途见表 2－13。

表 2－13　水管、煤气钢管管件的种类和用途

种　　类	用　　途	种　　类	用　　途
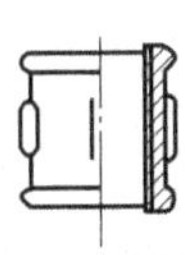 内螺纹管接头	俗称“内牙管、管箍、束节、管接头，死接头”等，用以连接两段公称直径相同的管子	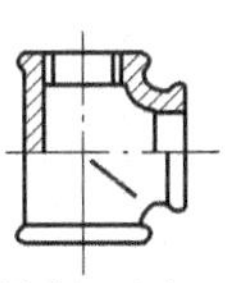 等径三通	俗称“T 形管或天”，用于由主管中接出支管，改变管路方向和连接三段公称直径相同的管子
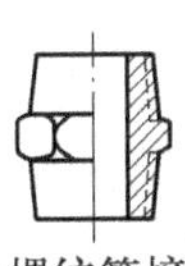 外螺纹管接头	俗称“外牙管、外螺纹短接、外丝扣、外接头、双头丝对管”等，用以连接两个公称直径相同的具有内螺纹的管件	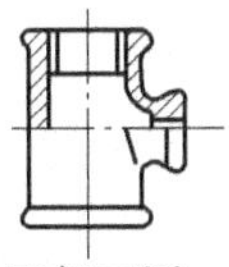 异径三通	俗称“中小天”，用以由主管中接出支管，改变管路方向和连接三段具有两种公称直径的管子

种　类	用　途	种　类	用　途
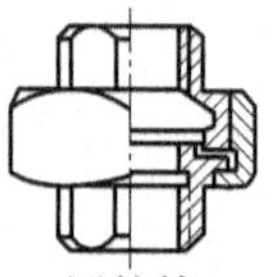 活管接	俗称“活接头，由壬”等，用以连接两段公称直径相同的管子	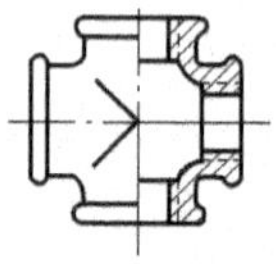 等径四通	俗称“十字管”，用以连接四段公称直径相同的管子
 异径管	俗称“大小头”等，用以连接两段公称直径不相同的管子	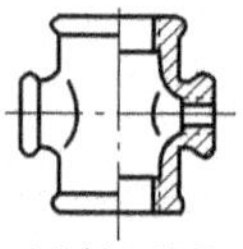 异径四通	俗称“大小十字管”，用以连接四段具有两种公称直径的管子
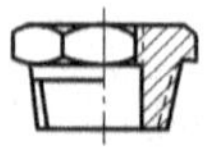 内外螺纹管接头	俗称“内外牙管、补心”等，用以连接一个公称直径较大的具有内螺纹的管件和一段公称直径较小的管子	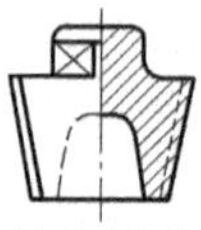 外方堵头	俗称“管塞、丝堵、堵头”等，用以封闭管路
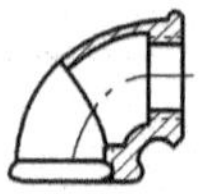 等径弯头	俗称“弯头、肘管”等，用以改变管路方向和连接两段公称直径相同的管子，它可分45°和90°两种	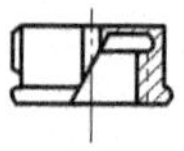 管帽	俗称“闷头”，用以封闭管路
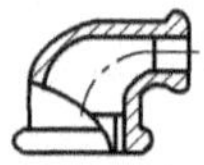 异径弯头	俗称“大小弯头”，用以改变管路方向和连接两段公称直径不相同的管子	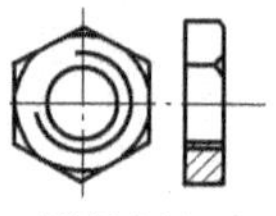 锁紧螺母	俗称“背帽、根母”等，它与内牙管联用，可以得到可拆的接头

任务三　铸铁管的管件

铸铁管的管件已标准化，可分为普通铸铁管件和硅铸铁管件两种。

1. 普通铸铁管的管件

普通铸铁管的管件有弯头（90°、60°、45°、30°和10°等几种规格）、三通、四通、异径管等几种，如图2－20所示。管件在管路中的连接有承插连接、法兰连接和混合连接等几种形式。

2. 硅铸铁管的管件

硅铸铁管的管件有弯头、三通、四通、异径管、管帽、嵌环等几种。管件的端部铸有

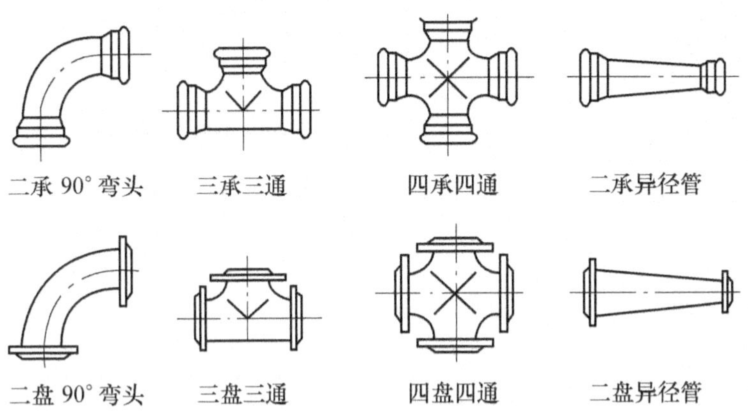

图 2-20　普通铸铁管的管件

凸肩的可用松套对开法兰连接。

任务四　耐酸陶瓷管的管件

耐酸陶瓷管的管件有弯头（有 90°和 45°两种规格）、三通、四通、异径管等几种，其形状和铸铁管的管件相似，也已标准化，与管路的连接方法有承插连接和松套法兰连接两种。

任务五　塑料管的管件

硬聚氯乙烯塑料管的管件可在现场就地制作。制作时应将被弯制的部位加热至 150℃左右，公称直径较大的管子为防止弯曲时被弯曲处变形过大，可先在管子内进行冲砂，加热后再进行弯制；对于公称直径较小的管子在弯制时则不需冲砂，它与管路可采用焊接连接。

输送热液体（80 ～90℃）的硬聚氯乙烯塑料管件，必须进行铠装加固，以减少硬聚氯乙烯塑料管所承受的张力。如图 2-21 所示为采用钢管铠装的硬聚氯乙烯塑料管的 90°弯头和斜三通，与管路采用法兰连接。

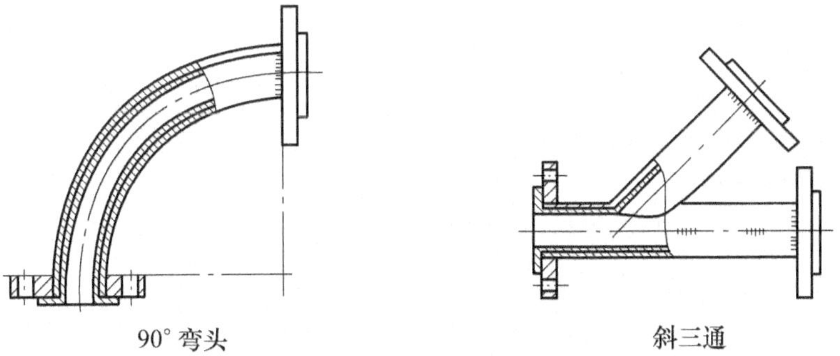

图 2-21　采用钢管铠装的硬聚氯乙烯塑料管件

项目五　阀门

在化工生产中凡是用来控制流体在管路内流动的装置通称阀门或阀件。

任务一　阀门的主要作用

1. 启闭作用

切断或沟通管内流体介质的流动。

2. 调节作用

改变管路阻力，调节管内流体的流速，使流体通过阀门后产生很大的压降。

3. 安全保护作用

当管路或设备内超压时，及时自动卸压排放流体，维持管路或设备内一定的压力，起到安全保护作用。

4. 控制流向作用

分配及控制流体的流量和流向等。

任务二　阀门的分类

阀门的分类方法很多，常用的分类方法有以下几种。

1. 根据阀门的驱动方式

可分为手动、电动、气动和自动阀门等多种。

2. 根据与管路连接的形式

可分为法兰连接、螺纹连接、焊接连接和承插连接等。

3. 根据工作压力

可分为真空阀（$p_N < 0.10$ MPa）、低压阀（p_N 为 0.10 ～ 1.6 MPa）、中压阀（p_N 为 2.5 ～ 6.4 MPa）、高压阀（p_N 为 10 ～ 100 MPa）和超高压阀（$p_N \geqslant 100$ MPa）。

4. 根据阀门的用途

可分为截断阀类、调节阀类、止回阀类、分流阀类和安全阀类等。

5. 根据工作温度

可分为高温阀（$t > 450$℃）、中温阀（120℃ $< t \leqslant$ 450℃）、常温阀（-30℃ $< t \leqslant$ 120℃）、低温阀（$t \leqslant -30$℃）。

6. 根据阀体制作材质

可分为铸铁阀、铸钢阀、锻钢阀和不锈钢阀等。

任务三　阀门型号编制方法

本标准适用于工业管路的闸板阀、截止阀、节流阀、球阀、隔膜阀、旋塞阀、止回阀、安全阀、减压疏水阀。

1. 阀门的型号编制方法

阀门的型号编制方法如图 2－22 所示。

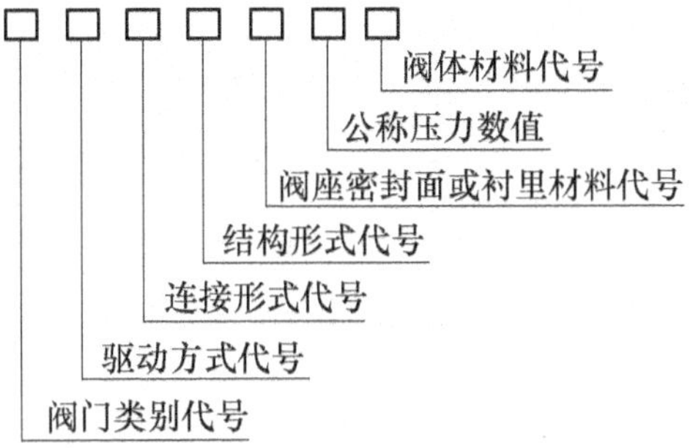

图 2－22　阀门的型号编制方法

2. 阀门的类型代号

阀门的类型代号按表 2－14 的规定。

表 2－14　阀门的类型代号

类　型	代　号	类　型	代　号	类　型	代　号
闸板阀	Z	碟形阀	D	安全阀	A
截止阀	J	隔膜阀	G	减压阀	Y
节流阀	L	旋塞阀	X	疏水阀	S
球阀	Q	止回阀和底阀	H		

注：低温（低于－40 ℃）、保温（带加热套）和带波纹管阀，在类型代号前分别加“D”、“B”、“W”。

3. 阀门的驱动方式代号

阀门的驱动方式代号按表 2－15 的规定。

表 2－15　阀门的驱动方式代号

驱动方式	代号	驱动方式	代号	驱动方式	代号
电磁动	0	正齿轮	4	气-液动	8
电磁-液动	1	圆锥齿轮	5	电动	9
电-液动	2	气动	6		
蜗轮	3	液动	7		

注：1. 以手轮、手柄和扳手驱动的以及安全阀、疏水阀省略本代号。

2. 对于气动或液动：常开式用“6K”、“7K”表示；常闭式用“6B”、“7B”表示；气动带手动用“6S”表示；防爆电动用“9B”表示。

4. 阀门的连接形式代号

阀门的连接形式代号按表 2－16 的规定。

表 2－16　阀门的连接形式代号

连接形式	代号	连接形式	代号	连接形式	代号
内螺纹	1	焊接	6	卡套	9
外螺纹	2	对夹	7		
法兰	4	卡箍	8		

注：焊接包括对焊和承插焊。

5. 阀座密封面或衬里的材料代号

阀座密封面或衬里的材料代号按表2－17的规定。

表2－17　阀座密封面或衬里的材料代号

阀座密封面或衬里材料	代号	阀座密封面或衬里材料	代号	阀座密封面或衬里材料	代号
铜合金	T	锡基轴承合金	B	衬胶	J
橡胶	X	合金钢	H	衬铅	Q
尼龙塑料	N	渗碳钢	D	搪瓷	O
氟塑料	F	硬质合金	Y	渗硼钢	P

注：由阀体直接加工的阀座密封面材料代号用“W”表示，当阀座和阀瓣（闸板）密封面材料不同时，用低硬度材料代号表示（隔膜阀除外）。

6. 公称压力数值

公称压力数值应符合GB 1048—1970《管子和管路附件的公称压力和试验压力》的规定。用于电站工业的阀门，当介质最高温度超过530℃时，标注工作温度和工作压力。如工作温度为540℃、工作压力为100 MPa的阀门，其代号为p_{S54}100。

任务四　阀门的涂漆

1. 阀体材料的识别

涂漆应涂在阀体外表面上，其颜色应符合表2－18的规定。

表2－18　阀体材料的涂漆颜色识别

阀体材料	铸铁	球墨铸铁	碳钢	耐酸钢或不锈钢	合金钢
涂漆颜色	黑色	银粉色	银灰色	浅天蓝色	蓝色

2. 阀门密封材料的识别

涂漆应涂在该阀门的驱动手轮或扳手上和自动阀门的盖或杠杆上，其颜色应符合表2－19的规定。

表2－19　阀门密封材料的涂漆颜色识别

阀门密封材料	青铜或黄铜	巴氏合金	耐酸不锈钢	铝	渗碳钢	硬质合金	塑料	硬橡胶	皮革或橡胶	以阀体材料作为密封面
涂漆颜色	红色	黄色	浅蓝色	银白色	浅紫色	豆绿色	柠檬色	绿色	棕色	同阀体色

3. 阀体标志的含义

阀体标志的含义见表2－20。

表 2－20　阀体标志的含义

<table>
<tr><th rowspan="3">标志形式</th><th colspan="7">阀门的规格及特性</th></tr>
<tr><th colspan="4">阀　门　规　格</th><th rowspan="2">阀门形式</th><th rowspan="2" colspan="2">介质的流动方向</th></tr>
<tr><th>公称直径 /mm</th><th>公称压力 /×10⁵Pa</th><th>工作压力 /×10⁵Pa</th><th>介质温度 /℃</th></tr>
<tr><td>$\frac{P_{N}40}{50}\rightarrow$</td><td>50</td><td>40</td><td></td><td></td><td rowspan="2">直通式</td><td rowspan="2" colspan="2">介质进口与出口的流动方向在同一或相平行的中心线上</td></tr>
<tr><td>$\frac{P_{51}100}{100}\rightarrow$</td><td>100</td><td></td><td>100</td><td>510</td></tr>
<tr><td>$\frac{P_{N}40}{50}\rightarrow$</td><td>50</td><td>40</td><td></td><td></td><td rowspan="2">直通式</td><td rowspan="2">介质进口和出口的流动方向</td><td rowspan="2">介质作用在关闭件下</td></tr>
<tr><td>$\frac{P_{51}100}{100}$</td><td>100</td><td></td><td>100</td><td>510</td></tr>
<tr><td>$\frac{P_{N}40}{50}\downarrow$</td><td>50</td><td>40</td><td></td><td></td><td rowspan="2"></td><td rowspan="2"></td><td rowspan="2">介质作用在关闭件下</td></tr>
<tr><td>$\frac{P_{51}100}{100}\downarrow$</td><td>100</td><td></td><td>100</td><td>510</td></tr>
<tr><td>$\leftarrow\frac{P_{N}16}{100}\rightarrow$</td><td>50</td><td>16</td><td></td><td></td><td rowspan="2">三通式</td><td rowspan="2" colspan="2">介质具有几个流动方向</td></tr>
<tr><td>$\leftarrow\frac{P_{51}100}{100}\rightarrow$</td><td>100</td><td></td><td>100</td><td>510</td></tr>
</table>

任务五　截止阀

1. 截止阀的结构和外形

截止阀的结构和外形如图 2－23 所示。

2. 截止阀的特点及用途

截止阀是指关闭件（阀瓣）沿阀座中心线移动的阀门。根据阀瓣的这种移动形式，阀座通口的变化与阀瓣行程成正比例关系。由于该类阀门的阀杆开启或关闭行程相对较短，而且具有非常可靠的切断功能，又由于阀体通口的变化与阀瓣的行程成正比例关系，非常适合于对流量的调节。因此，这种类型的阀门非常适合作为切断或调节以及节流使用。气动截止阀的阀瓣一旦从关闭位置移开，它的阀座和阀瓣密封面之间就不再有接触，因而它的密封面机械磨损很小，故其密封性能是很好的，缺点是密封面间可能会夹住流动介质中的颗粒。但是，如果把阀瓣做成钢球或瓷球，这个问题也就迎刃而解了。由于大部分截止阀的阀体和阀瓣比较容易修理或更换，而且在修理或更换密封元件时无需把整个阀门从管线上拆卸下来，这在阀门和管线焊成一体的场合是非常适用的。

由于介质通过此类阀门时的流动方向发生了变化，因此电动截止阀的最小流阻也较高于大多数其他类型的阀门。然而，根据阀体结构和阀杆相对于进、出口通道的布局，这种

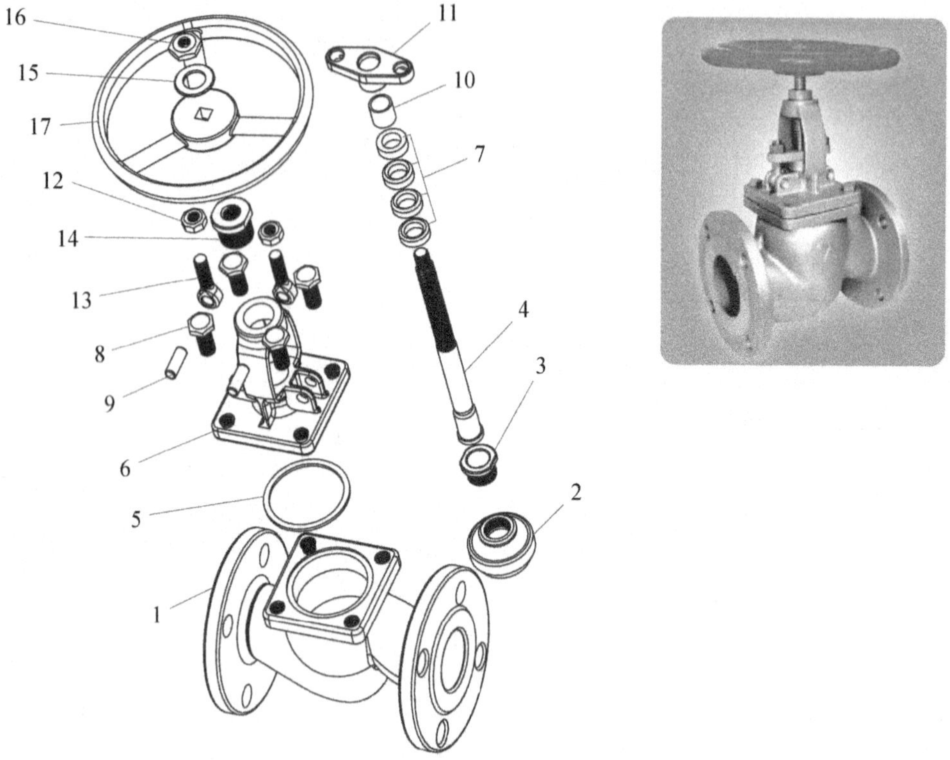

图 2－23　截止阀的结构和外形

1—阀体；2—阀瓣；3—阀瓣盖；4—轴心；5—垫片；6—上盖；7—密封圈；8—固定螺栓；9—横销；
10—衬套；11—压盖；12—螺母；13—螺钉；14—轴套；15—垫片；16—螺母；17—手轮

状况是可以改善的。同时，由于截止阀瓣开与关之间行程小，密封面又能承受多次启闭，因此它很适用于需要频繁开关的场合。

截止阀最明显的优点：在开启和关闭过程中，由于阀瓣与阀体密封面间的摩擦力比闸阀小，因而耐磨；开启高度一般仅为阀体通道直径的 1/4，因此比闸阀小得多；通常在阀体和阀瓣上只有一个密封面，因而制造工艺性比较好，便于维修。但是，截止阀的缺点也是不容忽视的。其缺点主要是流阻系数比较大，因此造成压力损失，特别是在液压装置中，这种压力损失尤为明显。

3. 截止阀的分类

（1）根据截止阀的通道方向，分为：

①直通式截止阀。

②直流式截止阀：在直流式或 Y 形截止阀中，阀体的流道与主流道成一斜线，这样流动状态的破坏程度比常规截止阀要小，因而通过阀门的压力损失也相应地小了。

③角式截止阀：在角式截止阀中，流体只需改变一次方向，以至于通过此阀门的压力降比常规结构的截止阀小。

④柱塞式截止阀：这种形式的截止阀是常规截止阀的变型。在该阀门中，阀瓣和阀座通常是基于柱塞原理设计的。阀瓣磨光成柱塞与阀杆相连接，密封是由套在柱塞上的两个

弹性密封圈实现的。两个弹性密封圈用一个套环隔开，并通过由阀盖螺母施加在阀盖上的载荷把柱塞周围的密封圈压牢。弹性密封圈能够更换，可以采用各种各样的材料制成，该阀门主要用于“开”或者“关”，但是备有特制形式的柱塞或特殊的套环，也可以用于调节流量。

（2）根据截止阀阀杆上螺纹的位置，可分为：

①上螺纹阀杆截止阀：截止阀阀杆的螺纹在阀体的外面。其优点是阀杆不受介质侵蚀，便于润滑，此种结构采用比较普遍。

②下螺纹阀杆截止阀：截止阀阀杆的螺纹在阀体内。这种结构阀杆螺纹与介质直接接触，易受侵蚀，并无法润滑。此种结构用于小口径和温度不高的地方。

4. 截止阀常见故障产生原因及预防排除方法

截止阀常见故障产生原因及预防排除方法见表2-21。

表2-21　截止阀常见故障产生原因及预防排除方法

常见故障	产生原因	预防和排除方法
密封面泄漏	介质流向不对，冲蚀密封面	按流向箭头或按结构形式安装，即介质从阀座下引进（除个别设计介质从密封面上引进、阀座下流出外）
	平面密封面易沉积脏物	关闭时留细缝冲刷几次后再关闭
	锥面密封副不同心	装配要正确，阀杆、阀瓣或节流锥、阀座三者在同一轴线上，阀杆弯曲要矫直
	衬里密封面损坏、老化	定期检查和更换衬里，关闭力要适当以免压坏密封面
失效	针形阀堵死	选用不对，不适于黏度大的介质
	小口径阀门被异物堵住	拆卸或解体清除
	阀瓣、节流锥脱落	腐蚀性大的介质应避免选用碾压，钢丝连接关闭件的阀门，关闭件脱落后应修复，钢丝应改为不锈钢丝
	内阀杆螺母或阀杆梯形螺纹损坏	选用不当，被介质腐蚀，应正确选用阀门结构；操作力要小，特别是小口径的截止阀和节流阀；梯形螺纹损坏后应及时更换
节流不准	标尺不对零位，标尺丢失	标尺应调准对零，标尺松动或丢失后应修理和补齐
	节流锥冲蚀严重	要正确选材和热处理，流向要对，操作要正确

任务六　闸板阀

1. 楔式闸板阀的结构

楔式闸板阀的结构如图2-24所示。

2. 闸阀的特点和用途

闸阀是在管路中用途比较广的一种阀门，主要起到接通和截断介质的作用。不适用于调节介质的流量，但能根据阀杆升降的高低来判断流量大小（如消防用弹性座封闸阀配有启闭刻度）。闸阀相比较其他阀门，对压力、温度、口径等要求的适用范围要广。

闸阀的主要性能优点有：阀门流体阻力小，由于闸阀阀体是直通型，介质流动不改变方向，因此比其他阀门流阻要小；密封性能较截止阀要好，启闭也较截止阀省力；适用范围广，除用于蒸汽、油品等介质外，还适用于含有粒状固体以及黏度较大的介质，也适用于做放空阀和低真空系统的阀门来使用；闸阀是具有双流向的阀门，不受介质流向限制，因此适用于介质可能改变流动方向的管路，同时也便于安装。

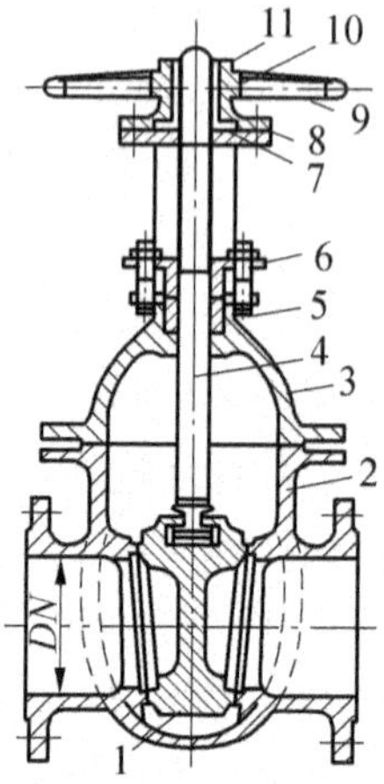

图2－24　楔式闸板阀的结构

1—楔式闸板；2—阀体；3—阀盖；4—阀杆；5—填料；6—填料压盖；7—套筒螺母；8—压环；9—手轮；10—键；11—压紧螺母

3. 闸阀的分类

按闸板结构来分有楔式闸阀、平行式闸阀；按阀杆的结构分有明杆闸阀和暗杆闸阀。

4. 闸阀常见故障产生原因及预防排除方法

闸阀常见故障产生原因及预防排除方法见表2－22。

表2－22　闸阀常见故障产生原因及预防排除方法

常见故障	产生原因	预防和排除方法
关不严	阀杆的顶心磨灭或悬空，使闸板密封时好时坏	阀杆顶丝磨灭后应修复，顶心应顶住关闭件并有一定的活动间隙
	密封面掉线	楔式双闸板间顶心调整垫更换厚垫，平行双闸板加厚或更换顶锥（楔块），单闸板结构应更换或重新堆焊密封面
	楔式双闸板脱落	正确选用楔式双闸板闸阀，保持架注意定期检查和修理
	阀杆与闸板脱落	正确选用闸阀，操作用力适当
	导轨扭曲、偏斜	注意检查，进行修整
	闸板拆卸后装反	拆卸时应作好标记
	密封面擦伤	不宜在含磨粒介质中使用闸阀；关闭过程中，密封面间反复留有细缝，利用介质冲走磨粒和异物
密封面泄漏	调整不当或调整部件松动损坏；紧定式的压紧螺母松动；填料式调节螺钉顶死了塞子；自封式弹簧顶紧力过小或弹簧损坏等	应正确调整旋塞阀调节零件，以旋转轻便和密封不漏为准；紧定式压紧螺母松动后适当拧紧，螺纹损坏应更换；填料式调节螺钉适当调下后拧紧，自封式弹簧顶紧力应适当，损坏后应及时更换
	自封式排泄小孔被脏物堵死，失去自紧密封性能	定期检查和清洗，不宜用于含沉淀物多的介质

续表 2－22

常见故障	产生原因	预防和排除方法
开不起	T 形槽断裂	T 形槽应有圆弧过渡，提高铸造和热处理质量，开启时不要超过上死点
	单闸板卡死在阀体内	关闭力适当，不要使用长杠杆
	内阀杆螺母失效	内阀杆螺母不适宜腐蚀性大的介质
	阀杆关闭后受热顶死	阀杆在关闭后应间隔一定时间，阀杆进行一次卸载，将手轮倒转少许
阀杆旋转不灵活	密封面压得过紧；紧定式螺母拧得过紧；自封式预紧弹簧压得过紧	适当调整密封面的压紧力；适当放松紧定式螺母和自封式预紧弹簧
	密封面擦伤	定期修理，油封式应定时加油
	压盖压得过紧	适当放松些
	润滑条件变坏	填料装配时，适当涂些石墨，油封式旋塞阀定时加油
	扳手位磨灭	操作要正确，扳手位损坏后应进行修复

任务七　球阀

1. 球阀的结构及外形

球阀的结构及外形如图 2－25 所示。

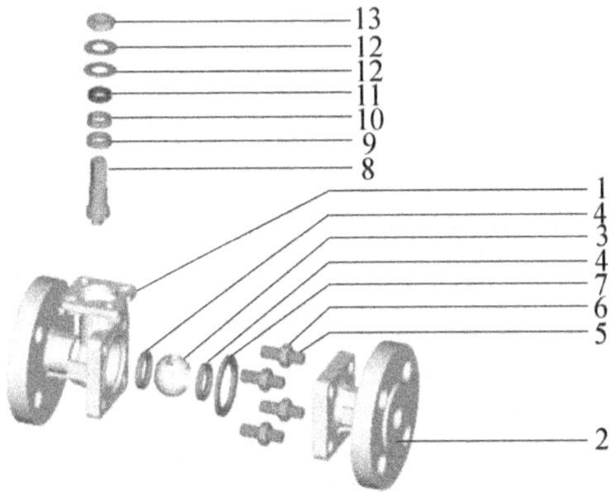

图 2－25　球阀的结构及外形

1—阀体；2—密封阀座；3—浮动球；4—密封阀座；5—螺栓；6，13—螺母；7，9，10—密封圈；8—阀杆；11—杆套；12—垫片

2. 球阀的特点和用途

球阀的主要作用是用于快速开关流体。因为手柄旋转 90°就达到全开或全关的效果，所以也叫“快开”。因为开关程度不易精准调节控制，所以不适宜作流量调节。

球阀是用带有圆形通道的球体作启闭件，球体随阀杆转动实现启闭动作的阀门。球阀的启闭件是一个有孔的球体，绕垂直于通道的轴线旋转，从而达到启闭通道的目的。球阀主要供开启和关闭管道及设备介质之用。

球阀的主要优点如下：

①适用于经常操作，启闭迅速、轻便；

②流体阻力小；

③结构简单，相对体积小，重量轻，便于维修；

④密封性能好；

⑤不受安装方向的限制，介质的流向可任意；

⑥无振动，噪声小。

因为球阀最主要的阀座密封圈材料是聚四氟乙烯，它对几乎所有的化学物质都是惰性的，且具有摩擦系数小、性能稳定、不易老化、温度适用范围广和密封性能优良的综合性特点。但聚四氟乙烯的物理特性，包括较高的膨胀系数、对冷流的敏感性和不良的热传导性，要求阀座密封的设计必须围绕这些特性进行。所以，当密封材料变硬时，密封的可靠性就受到破坏。而且，聚四氟乙烯的耐温等级较低，只能在低于180℃情况下使用。超过此温度，密封材料就会老化。而考虑长期使用的情况下，一般只会在120℃下使用。它的调节性能相对于截止阀要差一些，尤其是气动阀（或电动阀）。

3. 球阀的分类

球阀按结构形式可分为浮动球阀、固定球阀、弹性球阀和油封球阀；按通道可分为直能式、角式和三通式等，三通式又可分为T形和L形两种；按连接方式可分为螺纹式连接、法兰连接和焊接三种。

4. 闸阀常见故障产生原因及预防排除方法

闸阀常见故障产生原因及预防排除方法见表2－23。

表2－23　闸阀常见故障产生原因及预防排除方法

常见故障	产生原因	预防和排除方法
关不严	球体冲翻	装配应正确，操作要平稳，不允许作节流阀使用；球体冲翻后应及时修理，更换密封座
	用作节流，损坏了密封面	不允许作节流用
	密封面被压坏	拧紧阀座处螺栓应均匀，力要小，宁可多紧几次，不可一次紧得太多太紧，损坏的密封面可进行研刮修复
	密封面无预紧压力	阀座密封面应定期检查预紧压力，发现密封面有泄漏或接触过松时应少许压紧阀座密封面；预压弹簧失效应更换
	扳手、阀杆和球体三者连接处间隙大，扳手已到关闭位，而球体旋转角不足90°而产生泄漏	有限位机构的扳手、阀杆和球体三者连接处松动和间隙过大时应修理，紧固要牢；调整好限位块，消除扳手提前角，使球体正确开闭
	阀座与本体接触面不光洁、磨损，O形圈损坏使阀座泄漏	提高阀座与本体接触面光洁度，减少阀座拆卸次数，O形圈定期更换

任务八　止回阀

1. 止回阀的结构及外形

止回阀的结构及外形如图 2－26 所示。

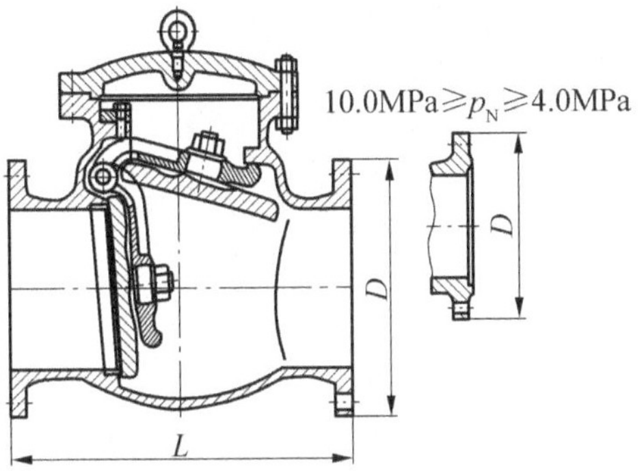

图 2－26　止回阀的结构及外形

2. 止回阀的特点和用途

止回阀（check valve）又称单向阀或逆止阀，其作用是防止管路中的介质倒流，以防止损坏设备和发生事故。水泵吸水管的底阀也属于止回阀类。

3. 止回阀的分类

止回阀按结构可划分为升降式止回阀、旋启式止回阀和蝶式止回阀三种。升降式止回阀可分为立式和卧式两种。旋启式止回阀分为单瓣式、双瓣式和多瓣式三种。蝶式止回阀为直通式。以上几种止回阀在连接形式上可分为螺纹连接、法兰连接和焊接三种。

升降式止回阀的结构一般与截止阀相似，其阀瓣沿着通道中心线作升降运动，动作可靠，但流体阻力较大，适用于较小口径的场合。升降式止回阀一般只能安装在水平管路，而立式升降止回阀一般安装在垂直管路。

旋启式止回阀的阀瓣绕转轴作旋转运动。其流体阻力一般小于升降式止回阀，它适用于较大口径的场合。旋启式止回阀根据阀瓣的数目可分为单瓣旋启式、双瓣旋启式及多瓣旋启式三种。单瓣旋启式止回阀一般适用于中等口径的场合。大口径管路选用单瓣旋启式止回阀时，最好采用能减小水锤压力的缓闭止回阀。双瓣旋启式止回阀适用于大中口径管路。对夹双瓣旋启式止回阀结构小、重量轻，是一种发展较快的止回阀；多瓣旋启式止回阀适用于大口径管路。

蝶式止回阀的结构类似于蝶阀。其结构简单，流阻较小，水锤压力亦较小。

隔膜式止回阀有多种结构形式，均采用隔膜作为启闭件，由于其防水锤性能好，结构简单，成本低，近年来发展较快。但隔膜式止回阀的使用温度和压力受到隔膜材料的限制。

4. 止回阀常见故障产生原因及预防排除方法

止回阀常见故障产生原因及预防排除方法见表 2－24。

表 2-24　止回阀常见故障产生原因及预防排除方法

故　障	产 生 原 因	排 除 方 法
发出异常的声音	油液的流量超过允许值	更换流量大的阀
	与其他阀共振	可略微改变阀的额定压力，也可试调弹簧弹力的强弱
	在卸压单向阀中，用于立式大油缸等的回油，没有卸压装置	补充卸压装置回路
阀与阀座有严重泄漏	阀座锥面密封不好	重新研配
	滑阀或阀座拉毛	重新研配
	阀座碎裂	更换并研配阀座
不起单向作用	滑阀在阀体内咬住，主要是由于：阀体孔变形、滑阀配合时有拉毛、滑阀变形胀大	修研阀座孔、修除毛刺、修研滑阀外径
	漏装弹簧	补装适当的弹簧（弹簧的最大压力不大于 30N）
结合处渗漏	螺钉或管螺纹没拧紧	拧紧螺钉或管螺纹

任务九　安全阀

1. 安全阀的结构及外形

安全阀的结构及外形如图 2-27 所示。

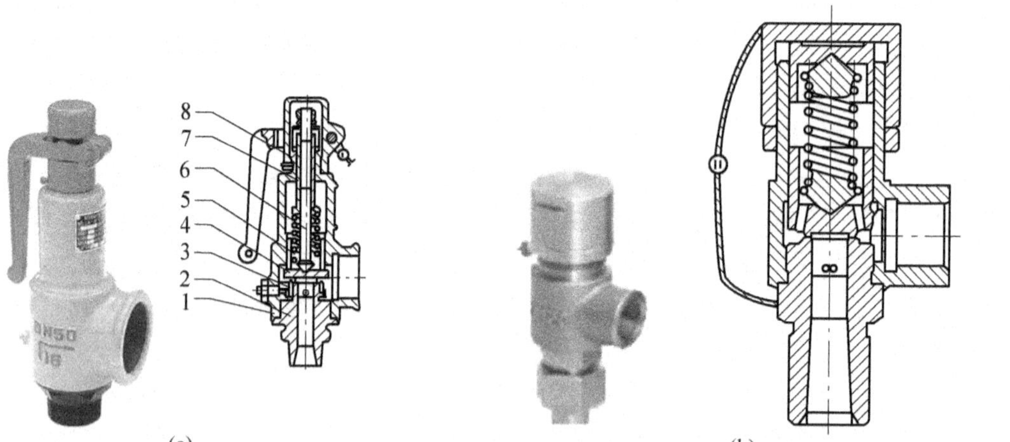

(a)　　(b)

图 2-27　安全阀的结构及外形

1—阀体；2—阀座；3—调节圈；4—阀瓣；5—弹簧；6—阀杆；7—调整螺杆；8—保护罩

2. 安全阀的特点和用途

安全阀是一种安全保护用阀，它的启闭件受外力作用下处于常闭状态，当设备或管道内的介质压力升高，超过规定值时自动开启，通过向系统外排放介质来防止管道或设备内介质压力超过规定数值。安全阀属于自动阀类，主要用于锅炉、压力容器和管道上，控制压力不超过规定值，对人身安全和设备运行起重要保护作用。

3. 安全阀的分类

安全阀结构主要有两大类：弹簧式和杠杆式。弹簧式是指阀瓣与阀座的密封靠弹簧的作用力。杠杆式是靠杠杆和重锤的作用力。随着大容量的需要，又有一种脉冲式安全阀，也称为先导式安全阀，由主安全阀和辅助阀组成。当管道内介质压力超过规定压力值时，辅助阀先开启，介质沿着导管进入主安全阀，并将主安全阀打开，使增高的介质压力降低。

4. 安全阀常见故障产生原因及预防排除方法

安全阀常见故障产生原因及预防排除方法见表2－25。

表2－25　安全阀常见故障产生原因及预防排除方法

常见故障	产生原因	预防和排除方法
密封面泄漏	由于制造精度低、装配不当、管道载荷等原因，使零件不同心	修理或更换不合格的零件，重新装配，排除管道附加载荷，使阀门处于良好的状态
	安装倾斜，使阀瓣与阀座产生位移，以至接触不严	应直立安装，不可倾斜
	弹簧的两端面不平行或装配时歪斜；杠杆式的杠杆与支点发生偏斜或磨损，使阀瓣与阀座接触压力不均匀	修理或更换弹簧，重新装配；修理或更换支点磨损件，消除支点的偏移，使阀瓣与阀座接触压力均匀
	弹簧断裂	更换弹簧，更换的弹簧质量应符合要求
	由于制造质量、高温或腐蚀等因素使弹簧松弛	根据产生原因针对性地更换弹簧，如果是选型不当应调换安全阀
	阀瓣与阀座密封面损坏，密封面上夹有杂质，使密封面不能密合	研磨密封面，其表面粗糙度不低于够开启（带扳手）安全阀吹扫杂质或卸下安全阀清洗；对含杂质多的介质，适于选用橡胶、塑料类的密封面或带扳手的安全阀
	阀座连接螺纹损坏或密合不严	修理或更换阀座，保持螺纹连接处严密不漏
	阀门开启压力与设备正常工作压力太接近，以致密封比压降低，当阀门振动或压力波动时容易产生泄漏	根据设备强度，对开启压力作适当调整
	阀内运动零件有卡阻现象	查明阀内运动零件卡阻的原因后，对症修理
阀门启闭不灵活、不清脆	调节圈调整不当，使阀瓣开启时间过长或回座迟缓	应重新加以调整
	排放管VI径小，排放时背压较大，使阀门开不足	应更换排放管，减小排放管阻力

续表 2-25

常见故障	产生原因	预防和排除方法
未到启动压力时就开启	开启压力低于规定值；弹簧调节螺钉、螺套松动或重锤向支点串动	重新调整开启压力至规定值，固定紧调节螺钉、螺套和重锤
	弹簧弹力减小或产生永久变形	更换弹簧
	调整后的开启压力接近、等于或低于安全阀工作压力，使安全阀提前动作、频繁动作	重新调整安全阀开启压力至规定值
	常温下调整的开启压力而用于高温后，开启压力降低	适当拧紧弹簧调节螺钉、螺套，使开启压力至规定值；如果属于选型不当，可调换带散热器的安全阀
	弹簧腐蚀引起开启压力下降	强腐蚀性的介质，应选用包覆氟塑料的弹簧或选用波纹管隔离的安全阀
到规定开启压力不动作	开启压力高于规定值	重新调整开启压力
	阀瓣与阀座被脏物黏住或阀座被介质凝结物或结晶堵塞	开启安全阀吹扫或卸下清洗，对因温度变冷容易凝结和结晶的介质，应对安全阀伴热或在安全阀底部连接处加爆破膜隔断
	寒冷季节室外安全阀冻结	应进行保温或拌热
	阀门运动零件有卡阻现象，增加了开启压力	应检查后，排除卡阻现象
	背压增大，使工作压力到规定值后，安全阀不起跳	消除背压，或选用背压平衡式波纹管安全阀
安全阀的振动	由于管道的振动而引起安全阀振动	查明原因后，消除振动
	阀门排放能力过大	选用阀门的额定排放量尽可能接近设备的必需排放量
	进口管口径太小或阻力太大	进口管内径不小于安全阀进口通径或减少进口管的阻力
	排放管阻力过大，造成排放时过大背压，使阀瓣落向阀座后又被介质冲起，以很大频率产生振动	应降低排放管的阻力
	弹簧刚度太大	应选用刚度较小的弹簧
	调整圈调整不当，使回座压力过高	重新调整调节圈位置

任务十　过滤器

1. Y 形过滤器的结构及外形

Y 形过滤器的结构及外形如图 2－28 所示。

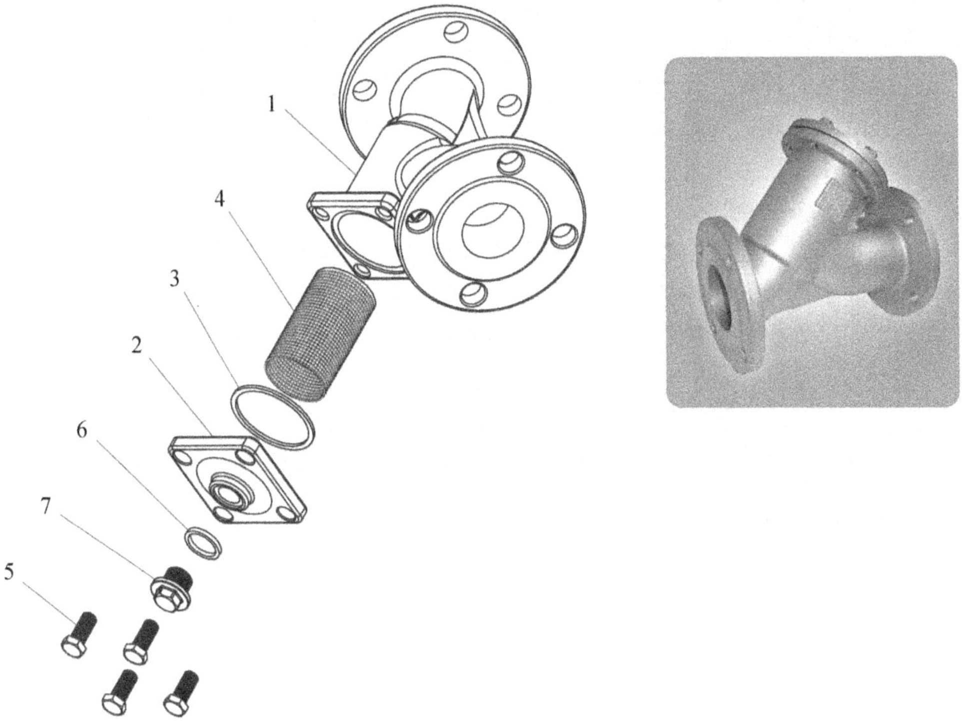

图 2－28　Y 形过滤器的结构及外形

1—阀体；2—上盖；3—大垫片；4—滤网；5—螺栓；6—小垫片；7—螺塞

2. Y 形过滤器的特点和用途

Y 形过滤器是使用水力控制阀及精密的易堵塞的机械产品所必须具备的过滤设备，是输送介质的管道系列不可缺少的一种装置，通常安装于水力控制阀、减压阀、泄压阀、定水位阀等设备的进口端，用来消除介质中的杂质，防止颗粒性杂质进入通道，造成堵塞，以保护设备管道上的配件免受磨损和堵塞。Y 形过滤网采用不锈钢双层网结构，坚固耐用。Y 形过滤器具有结构先进、流阻小、排污方便等特点，可用于水、蒸汽、油品、硝酸、尿素、氧化性介质等多种介质。要根据用户需要设置过滤网的目数，一般通水网为 18 ～30 目，通气网为 40 ～100 目，通油网为 100 ～480 目。

3. Y 形过滤器常见故障产生原因及预防排除方法

（1）滤网堵塞，须清理。

（2）滤网破损不起作用，须更换。

项目六　管路的安装

管路的安装可分为管路的连接、阀门的安装、管路的试压、管路常见故障的分析判断与处理和管路涂色等内容。

任务一　管路的连接

管路的连接包括管子与管子、管子与管件、管子与法兰、管子与阀门以及管子和设备接口的连接等。通常采用的连接方法有法兰连接、螺纹连接、承插连接和焊接连接四种。

1. 法兰连接

法兰连接是一种可拆卸式的连接。法兰连接的特点是拆卸方便、连接强度高、实用范围广，但其结构复杂、安装工作量大。法兰已经标准化，其规格、种类很多，使用时可按管子的公称直径和公称压力进行选择。

（1）法兰盘的种类

法兰盘和管子之间的连接形式虽有多种多样，但最常用的有以下四种。

①整体式法兰。整体式法兰的结构如图 2－29 所示。管子与法兰制造成一体，常用于铸造管子（如铸铁管、铸钢管、有色金属铸造管等）以及铸造的设备接口和阀门的法兰等。

②搭接式法兰。搭接式法兰的结构如图 2－30 所示。管子插入法兰盘的内孔中，采用搭接式焊接而成，常用的搭焊形式如图 2－31 所示。普通碳钢管、不锈钢管和有色金属管等均可采用搭接式法兰。

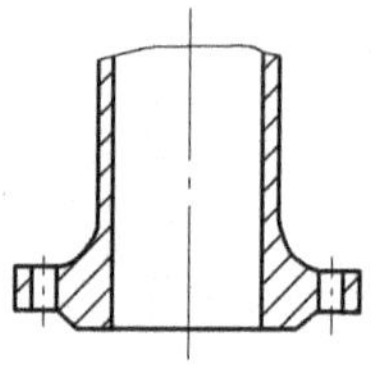

图 2－29　整体式法兰的结构

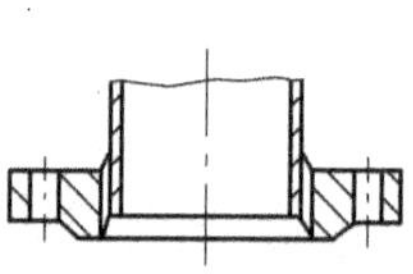

图 2－30　搭接式法兰的结构

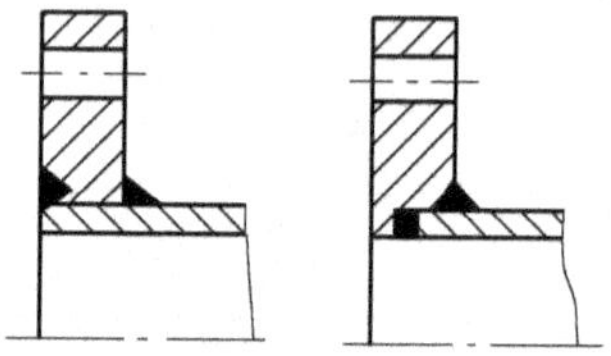

图 2－31　搭接式法兰的搭焊形式

③松套式法兰。松套式法兰又称活套式法兰，其结构如图 2－32 所示。它是先在管子的端部搭焊一个金属环或直接在端口翻边，依靠套在管子外径上的法兰起连接作用。松套式法兰连接适用于硅铁管、耐酸陶瓷管和有色金属管的连接。以上几种法兰均用于化工生产中的中低压管路的连接上。

④螺纹法兰。螺纹法兰的结构如图 2－33 所示。螺纹法兰是依靠法兰盘内孔上的内螺纹与管子端部的外螺纹的配合而连接起来的。螺纹法兰多用于化工生产中的高压管路。

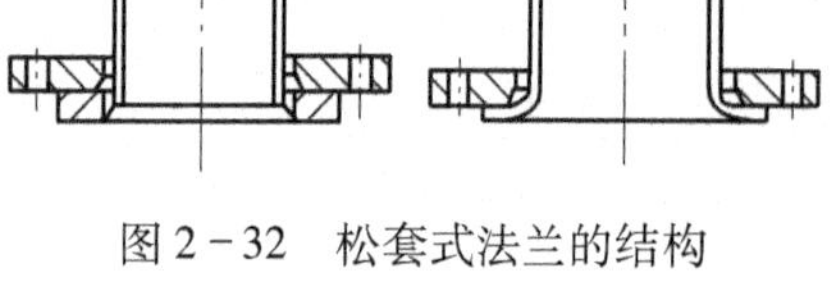

图 2－32　松套式法兰的结构

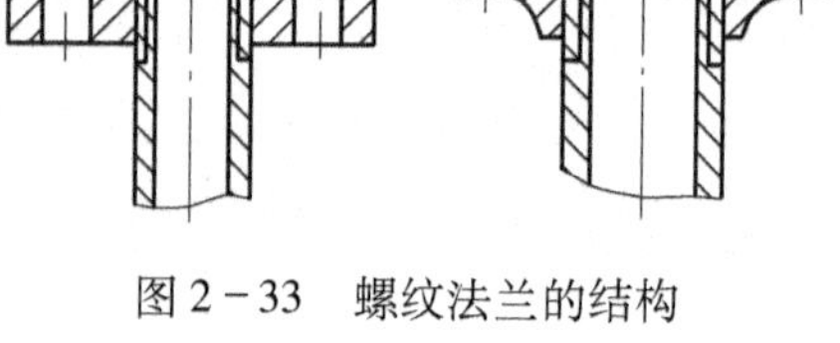

图 2－33　螺纹法兰的结构

（2）法兰连接密封面的形式

法兰连接密封面的形式有两种，中低压管路连接的密封是靠法兰端面密封的，而高压管路连接的密封是靠管子端面密封的。

中低压法兰的密封面的形式常见的有以下几种。

①平面式密封。平面式密封的结构如图 2－34 所示。它具有一个凸出的粗糙度值比较小的密封面，并在密封面上开有圆环形的 V 形密封线。当拧紧法兰连接螺栓时，夹在法兰之间的垫片被挤压进 V 形槽中，提高了其密封性能。

②凹凸面式密封。凹凸面式密封的结构如图 2－35 所示。两只法兰分别加工有凹和凸的密封面，连接时，一只法兰的凸面和另一只法兰的凹面相配合，提高了两法兰的对中性。凹凸面式密封的法兰常用于易燃、易爆、有毒介质的管路中。

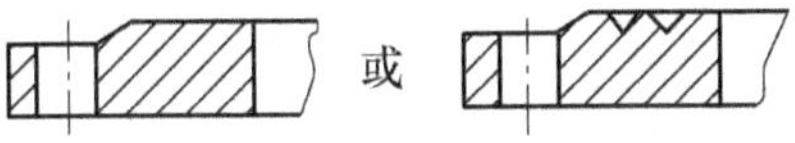

图 2－34　平面式密封的结构

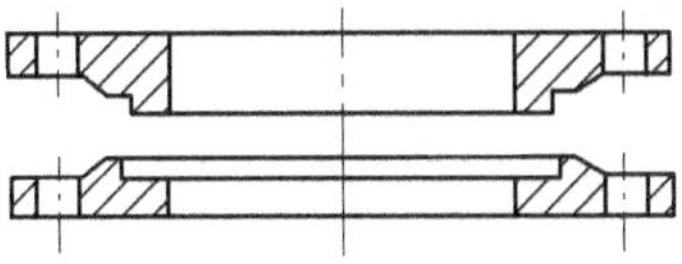

图 2－35　凹凸面式密封的结构

③榫槽式密封。榫槽式密封的结构如图 2－36 所示。两只法兰盘上分别加工有圆环形凸台和凹槽，连接时凸台和凹槽相配合。榫槽式密封法兰结构也常用于易燃、易爆、有毒介质的管路中。

④梯形槽式密封。梯形槽式密封的结构如图 2－37 所示。在两只法兰盘上加工有相同的圆环形的梯形槽，法兰连接时，在两对应梯形槽中加入密封填料，当拧紧法兰连接螺栓时，密封填料挤压变形达到密封效果。梯形槽式密封的法兰主要适用于高温高压的输油管路上。

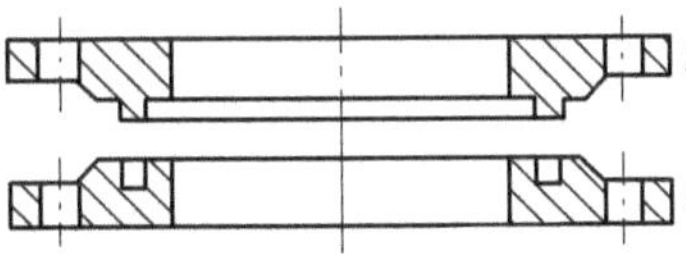

图 2－36　榫槽式密封的结构

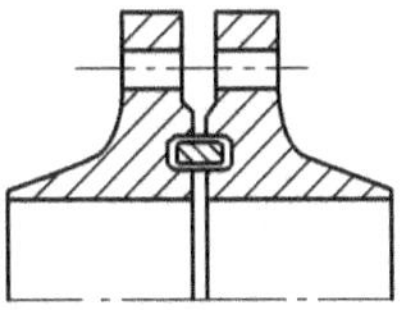

图 2－37　梯形槽式密封的结构

高压管路法兰密封形式有以下两种。

①平面式密封。高压管路平面式密封的结构如图 2－38 所示。从图中可看出它和中低压管路平面密封的结构有本质上的不同：中低压管路的平面密封是靠法兰的端面，而高压法兰的密封靠的是两连接管子的端面，该管子端部的密封面为加工精度较高的平面，一只管端凸出法兰盘的平面，另一只管端则凹入法兰盘平面以下。连接时，用金属垫片夹在两管端之间，当拧紧连接螺栓时，靠金属垫片的挤压变形达到密封的目的。

②锥面式密封。高压管路锥面密封的结构如图 2－39 所示。两管子端部的密封表面是凹锥台面，该锥面经过磨光。锥面密封面的垫片是金属制作的，其表面制成球面形（称透镜垫）。该球面和两管端的锥面的表面粗糙度达 $R_a1.6$ 以上。由于两管端是锥面，而垫片是球面，所以安装后管端和垫片的接触为圆环形线接触。故在安装前，应将垫片的球面上涂上显示剂，然后把其压在两管端锥面上各转动一周，所得的痕迹应为完整无间断的环形线，否则，应予以修理。

（3）法兰连接的密封垫片

为了保证法兰连接的密封性，在两法兰之间必须加密封垫片，密封垫片的材质、种

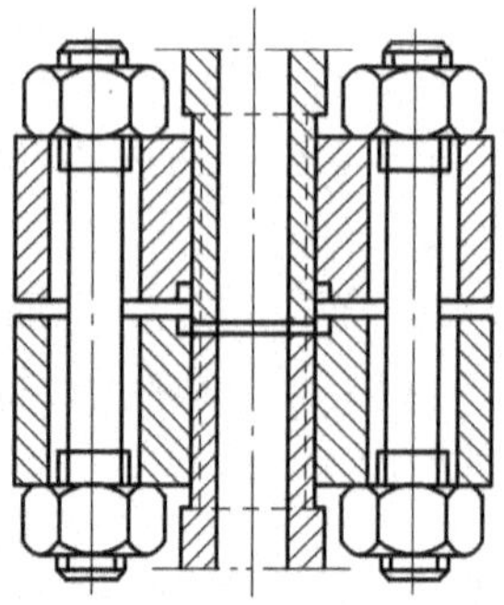

图 2-38　高压管路平面式密封的结构

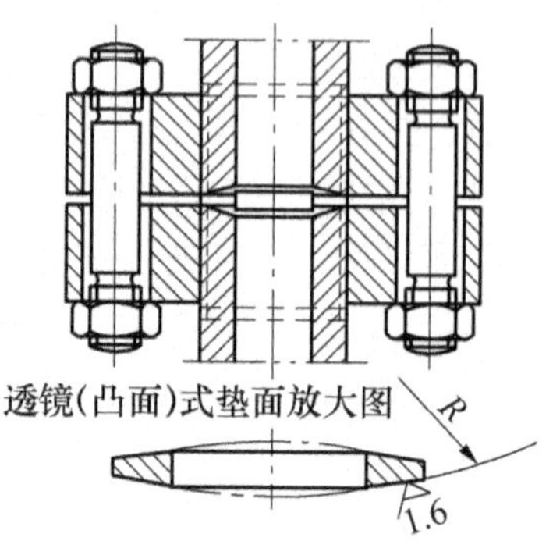

图 2-39　高压管路锥面密封的结构

类、使用范围以及制作方法等都是非常重要的。垫片根据制作材质可分为非金属垫片、半金属垫片和金属垫片三大类。

①非金属垫片。非金属垫片包括石棉绳、石棉板、橡胶石棉板、橡胶板、塑料板等。

石棉绳和石棉板垫片。石棉绳和石棉板垫片一般用在温度为 500 ～600℃接近常压的管路上，使用量较少。

橡胶石棉板垫片。橡胶石棉板垫片广泛用于空气、蒸汽、煤气、氢气、盐水及酸、碱等介质的管路中，是化工生产过程中用量最大的一种垫片。常用的有高压橡胶石棉板、中压橡胶石棉板、低压橡胶石棉板和耐油橡胶石棉板等。橡胶石棉板一般适用 350℃以下，耐油橡胶石棉板一般用于 200℃以下，而高温耐油橡胶石棉板使用温度可达 350 ～380℃。橡胶石棉板经过浸蜡处理后，也可用于低温，其最低温度可达 -190℃。橡胶石棉板适用的压力范围与法兰密封面形式有关。对于光滑面法兰，橡胶石棉板的使用压力不应超过 25×10^5Pa；对于凹凸面和榫槽面型法兰，可用至 100×10^5Pa。

橡胶板垫片。橡胶板有普通橡胶板、耐酸橡胶板、耐油橡胶板和耐热橡胶板四种。橡胶板垫片富有弹性，密封性能好，适用于铸铁阀门的法兰和压力小于 10×10^5Pa 的管路法兰中。

塑料板垫片。塑料板垫片主要用于水管及酸碱管路上。常用的塑料板有聚氯乙烯垫片、聚乙烯垫片、聚四氟乙烯垫片等，使用时应根据被输送介质和操作温度选用。

②半金属垫片。半金属垫片包括金属包石棉垫片、缠绕式垫片等。

金属包石棉垫片。金属包石棉垫片常用的金属外壳有 0.35 mm 左右的铁皮、合金钢、铝、铅和铜等，内芯为石棉板或橡胶石棉板，其厚度为 1.5 ～3 mm，总厚度为 2 ～3 mm。宽度可按橡胶石棉板的标准制作，或按法兰密封面的尺寸制作。其截面形状有平面垫片和波形垫片两种。金属包石棉垫片一般都是现场制作，适用温度为 300 ～450℃，压力可达 40×10^5Pa，一般用于 450℃以下的油品或蒸汽管路。由于多用于手工制造，易松散或折断，其制造质量对密封性能影响很大，故近来使用愈来愈少，且有被缠绕式垫片取代的趋势。

缠绕式垫片。缠绕式垫片制作简单，价格便宜，检修方便，对法兰密封面粗糙度要求不高，具有多道密封作用。缠绕式垫片密封性能好，是一种发展较快、比较理想的中压垫片，广泛用于化工生产中的一般物料管路上。

③金属垫片。金属垫片包括金属平垫、齿形垫、八角形垫和透镜垫等。

金属平垫片。金属平垫片的材质一般为软金属，常用的有紫铜、铝和铅等，其特点是：形状简单、制作容易，需螺栓预紧力大，易使法兰变形，且不能承受温度、压力的波动。安装前，应经过退火处理，以减小硬度。

金属齿形垫片。金属齿形垫片主要用于凹凸面法兰。该垫片的齿形为密纹同心圆，密封性能好。常用的材质有 Q235、10 号钢、Cr13、1Cr18Ni9Ti 等。其硬度需小于法兰密封面硬度，厚度为 3 ～5 mm，一般用于压力较高的部位。其缺点是对法兰的安装要求较高，所需螺栓预紧力大，大直径垫片制作困难，温度和压力波动时密封性能下降。

八角形垫片。八角形垫片用于密封面为梯形槽的法兰。其使用压力较金属齿形垫片更高。垫片的材料当介质温度在 450℃以下时用 10 号钢，在 510 ～550℃时用 Cr13 钢，在 551 ～600℃时用 1Cr18Ni9Ti。

透镜垫。透镜垫用在高压管路连接中。工作表面为球面，制作精度非常高，制作困难。

（4）法兰连接的技术要求

①法兰盘的端面与管子中心线要垂直。其垂直度可在法兰片与管子相连接时，用法兰尺来进行检查，如图 2－40 所示。检查时，将法兰尺的一个尺边紧靠在管子的外壁上，同时，用塞尺测量法兰尺与法兰盘端面之间的间隙，其间隙值 a 即为法兰盘端面与管子中心之间的垂直度偏差，其值一般小于 0. 5 mm。

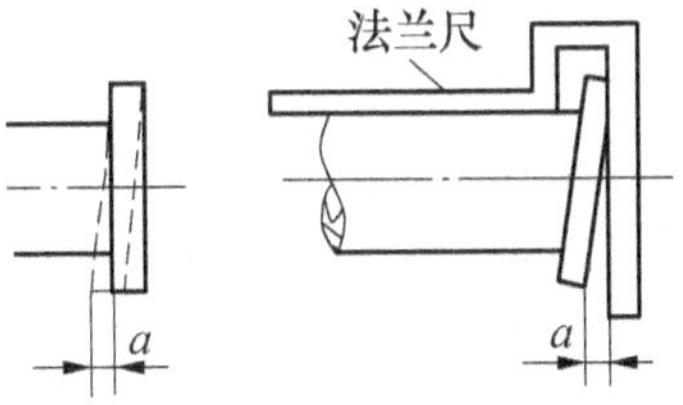

图 2－40　法兰端面和管子中心垂直度的检查

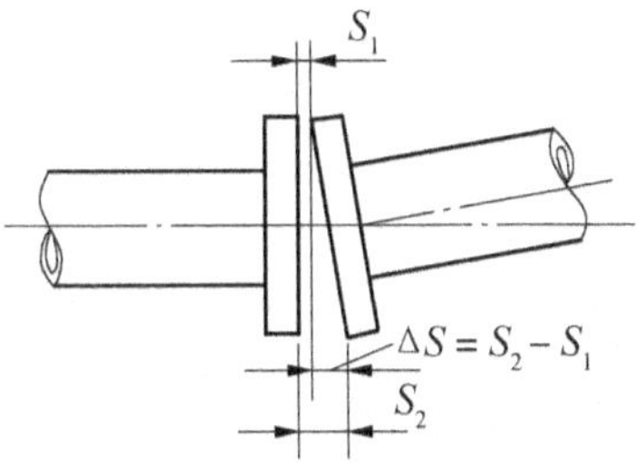

图 2－41　法兰两端面间平行度的检查

②两个相互连接的法兰端面应平行。在安装中不得用强紧螺栓的办法来消除偏斜，也不得用加热管子、加偏斜垫片或多层垫片的方法来消除法兰端面间的空隙偏差、错口或不同心等缺陷。法兰两断面间的平行度可用如图 2－41 所示的方法进行测量。计算公式是：$\Delta S = S_2 - S_1$，其间隙值不应大于表 2－26 所列的允许值。

表 2－26　法兰两端面间平行度允许偏差

管子的公称直径/mm	工作压力/MPa		
	<16×10	（16 ～40）×10	>40×10
允许偏差 $\Delta S = (S_2 - S_1)$/mm			
<100	0. 2	0. 1	0. 05
>100	0. 3	0. 15	0. 05

③法兰的密封面加工必须平整且有较高的粗糙度等级，不允许有辐射方向的沟槽及砂眼等缺陷。

④法兰连接时，在两法兰密封面之间必须放置垫片，垫片应根据被密封的介质性质进行正确的选用。该垫片的外径不应大于法兰盘上螺栓孔里圈的直径，其内径应稍大于管子的内径。为了安装的方便，对平面形密封的法兰垫片制作时，在垫片的外侧留做把手，直径较小者可留做一个，直径大者也可做几个把手。

⑤螺栓中心偏差一般不大于法兰外径的1.5/1000，且不大于2 mm，以保证螺栓能自由穿入。螺栓的规格应相同，安装方向应一致，紧固时应对称均匀地进行，紧固后的螺栓六角头端面应和法兰之间没有楔缝。需加垫片时，每个螺栓不应超过一个。紧固后的螺栓外露长度不大于2倍螺距（一般露3 ～4 个螺纹），螺栓的数目应和法兰螺孔数目相同，不能用已滑丝的螺栓。

⑥工作温度高于100℃的管路，螺栓的螺纹部分及密封垫的两平面均应涂上机油和石墨粉的混合物，以免日久难以拆卸。

2. 螺纹连接

（1）管路螺纹连接的适用范围

管路螺纹连接适用于以下几种情况。

①水管、煤气钢管、公称直径不大的自来水管路，以及一些化工机器的润滑油路中；

②与带有管螺纹的阀门、设备和管件等的连接；

③管子的公称直径不大于65 mm，介质公称压力不大于1 MPa，温度在200℃以下的管路。

（2）螺纹连接管子的方法

螺纹连接的管子两端都加工有螺纹，通过带内螺纹的管件或阀门将管子连接成管路。管子端部的螺纹通常采用英制圆柱管螺纹或英制圆锥管螺纹。

在进行圆柱管螺纹连接时，为了保证螺纹连接的密封性，螺纹连接前必须在外螺纹上加填料，常用的填料有油麻丝加铅油、石棉绳加铅油和聚四氟乙烯塑料带。使用时把填料缠绕在外螺纹上即可进行连接。填料在螺纹上的缠绕方向，应与螺纹的方向一致。绳头应压紧，以免与内螺纹连接时被推掉。

圆锥管螺纹在连接时不加填料，只在螺纹上涂铅油即可。在螺纹连接的管路中，为了便于管路的拆卸，在管路的适当部位应采用活管接连接。活管接的两个主节分别与两转管子的端头用螺纹连接起来，在两主节间放入软垫片，然后用套合节将两主节连接起来，并将软垫片挤压紧，形成密封。管螺纹连接时不仅要求拧紧，还必须考虑管件或配件的方向和位置等。如方向和位置不正确，不允许用松扣（倒拧）的办法进行调整。

（3）螺纹连接泄漏的主要原因

①管螺纹加工质量差；

②配件或设备上的管螺纹不符合要求；

③填料选用不当或填料密封不紧；

④连接时倒拧。

3. 承插连接

承插连接适用于铸铁管和非金属管（耐酸陶瓷管、塑料管、玻璃管等）的管路上，在密封要求不太高的管路情况下使用，其连接方法如图 2-42 所示。承插连接的管路在承口和插口的接头处应留有一定的轴向间隙，以便用来补偿管路受热后的伸长。承插连接的轴向间隙见表 2-27。

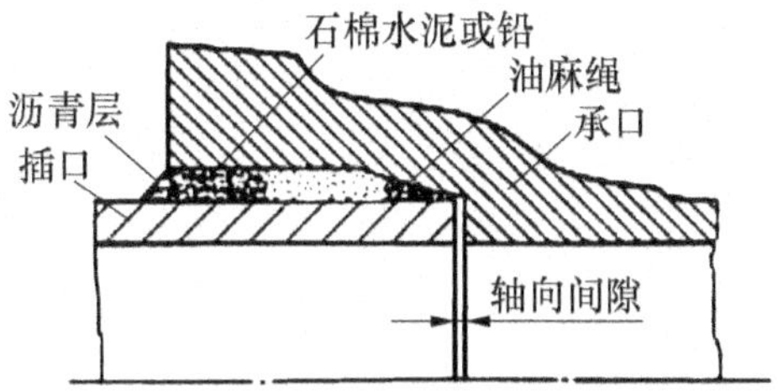

图 2-42　承插连接方法

表 2-27　承插连接的轴向间隙　　单位：mm

管径	50 ～75	100 ～250	300 ～600	700 ～800	800 ～1000
间隙	3	5	6	7	8

为了增加承插连接的密封性，在承口和插口之间的环形间隙中，应充填密封填料。对于铸铁管，应首先以缠绕的方式填塞 2/3 的油麻绳，然后再填入 1/3 承口长度的石棉水泥（石棉 30%、水泥 70%）；在重要的场合下，则应填软铅，并将其打紧。最后在填料外面的接口处涂一层沥青防腐层。

4. 焊接连接

焊接连接在化工管路中的应用非常广泛，其优点是连接强度高、气密性好、维修工作量少。焊接连接可用于各种压力和温度条件下的管路中，特别是在高温、高压管路中焊接连接已日益增多。管路的焊接可分为中低压管路的焊接和高压管路的焊接两种。

任务二　阀门的安装

阀门的安装是指按照一定的技术要求将阀门装在管路上。安装前应做好必要的检查工作，以便提高安装质量和工作效率。

1. 阀门安装前的检查

（1）检查阀门的型号是否与所需用的相符。

（2）检查垫片、填料和启闭件是否适合工作介质的要求。

（3）检查手轮转动是否灵活，阀杆有无卡住现象。

（4）检查启闭件关闭的严密性，不合格时应进行研磨修理。

2. 阀门安装时的注意事项

（1）阀门应安装在便于维护修理的地方，一般安装高度为 1.2 m，这样开关操作时比较省力。当安装高度超过 1.8 m 时，应集中布置，以便设置操作平台。

（2）在水平管路上安装阀门时，手轮应位于阀体以上的位置。如果阀门的安装位置较高，为了操作方便，可将阀杆装成水平方向，同时再装一个带有传动链条的手轮，以便在地面上进行操作或装上远距离操作装置。

（3）具有方向性的阀门，如安装截止阀、节流阀、安全阀、止回阀、减压阀、疏水阀等，应特别注意阀门的进出口的位置。一般在这类阀门的阀体上均有介质流向的标志；如没有，应根据阀门的工作原理进行分析判断，切勿装反。

（4）安装杠杆式安全阀和升降式止回阀时，应使阀盘中心线和水平面垂直。

（5）安装旋启式止回阀时，应使摇板的旋转枢轴呈水平位置。

（6）安装法兰式阀门时，应使两法兰端面平行和中心线同轴。拧紧法兰连接螺栓时，应呈对称十字交叉式进行。高温工作下的阀门连接，螺栓连接前应在螺纹部分涂机油和铅粉的调和物，以便在今后修理时便于拆卸。

（7）安装螺纹连接的阀门时，螺纹应完整无损，在圆柱管螺纹上缠绕填料后再进行连接，并注意不要将填料挤入管内或阀体内。

任务三　管路的试压

管路安装完毕后，在没有进行保温工作之前应进行试压，以便检查管路各连接处的密封性。对于过长的管路，可以逐段分别试压。中低压管路和高压管路承受压力不同，其试压方法也不同。

1. 中低压管路的试压

中低压管路的工作压力为 0.25 ～6.4 MPa，其试验压力通常为工作压力的 1.5 倍。试压时，在管路试验的低处加水，从管路高处盲板上的小阀门排放空气，直到管路完全充满水时，停止加水并关闭排气阀，连接试压泵并向管路内充压。在充压的过程中，应巡回检查各处的泄漏情况。当压力表指向试验压力时，保持 20 min，检查有无泄漏处，并在泄漏处作出记号，以便卸压后进行修理。然后将压力缓慢降至工作压力，并用手锤轻轻敲击焊缝处，检查有无假焊和泄漏现象。如果压力保持不变，管路各处都没有漏水和“出汗”现象，无目测变形，则水压试验即为合格。这时可使管路缓慢逐级降压至零，排放出管路中的水，试压即结束。对于蒸汽管路做水压试验的压力，通常为工作压力的 1.25 倍。低压做气压试验时，其试验压力为工作压力的 1.05 倍。

2. 高压管路的试压

高压管路的工作压力为 10 ～100 MPa，其试验压力为工作压力的 1.5 倍。试压时，将管路升压至试验压力，保持 20 min，检查有无泄漏的地方。然后将压力降至工作压力，并用小手锤敲击管路，检查有无泄漏现象。无泄漏时，再将压力升至试验压力，保持 5 min，压力保持不变。然后再次将压力降至工作压力，全面检查管路有无缺陷。如果有缺陷，应作出标记，便于卸压后处理。如果各处均没有泄漏的现象，即认定水压试验合格，便可将管路逐级降压至零。对高压管路做气压试验时，其试验压力应等于工作压力。管路试压时应注意以下两方面。

（1）管路试压系统用压力表不得少于两个，并经校验合格，刻度值为最大被测压力的 1.5 ～2 倍；其精度不低于 1.5 级，表面刻度值为被测压力的 1.5 ～2 倍。

（2）管路试压过程中，不得带压进行任何修理工作，以免发生危险，待泄压后方可进行处理。缺陷排除后，应重新试验。管路试压后，必须经过压缩空气吹净管路中的灰砂和其他杂质，吹净的时间一般为 10 ～15 min。

任务四　管路常见故障的分析判断与处理

化工管路常见故障的类型、产生原因和消除方法见表 2-28。

表 2－28 化工管路常见故障的类型、产生原因和消除方法

故障类型	产 生 原 因	消 除 方 法
管路振动	(1) 运动及其振动的传导 ①旋转零件的不平衡 ②联轴器不同心 ③零件的配合间隙过大 ④机座和基础间连接不牢 (2) 输送介质引起的振动 ①介质流向引起的突变 ②介质激振频率和管路固有频率相接近 ③介质的周期性波动	(1) 运动及其振动的传导 ①对旋转件进行静、动平衡 ②进行联轴器找正 ③调整配合间隙 ④加固机座和基础的连接 (2) 输送介质引起的振动 ①采用大弯曲半径弯头 ②加固或增设、采用支架，改变管路的固有频率 ③控制波动幅度，减少波动范围
管路泄漏	(1) 法兰连接处泄漏 ①密封垫损坏 ②介质压力过高 ③法兰螺栓松动 ④法兰密封面损坏 (2) 螺纹连接处泄漏 ①螺纹连接没有拧紧 ②螺纹部分损坏 ③螺纹连接的密封失效 (3) 管子缺陷 ①铸铁管子上有气孔或夹渣 ②焊接焊缝处有气孔或夹渣	(1) 法兰连接处泄漏 ①更换密封垫 ②使用耐高压的垫片 ③拧紧法兰螺栓 ④修理或更换法兰 (2) 螺纹连接处泄漏 ①拧紧螺纹 ②修理管端螺纹 ③更换连接处的密封件 (3) 管子缺陷 ①在泄漏处打上卡箍 ②清理焊缝，进行补焊
管路螺纹	①管路连接不同心，弯曲或扭转过大 ②冻裂 ③振动剧烈 ④机械损伤	①安装时进行找正 ②加设保温层 ③消除振动 ④避免碰撞

任务五 管路涂色

化工生产中，为了区别不同介质的管路，往往在保温层或管子的表面涂上不同的颜色。涂色方法有两种，一种是单一的颜色，另一种则是在底色上加色环（色环每隔 2 m 一个，宽度为 50 ～ 100 mm）。涂色的材料多为调和漆。常用化工管路的涂色见表 2－29。

表 2－29 常用化工管路的涂色

管路内介质及注字	涂色	注字颜色	管路内介质及注字	涂色	注字颜色	管路内介质及注字	涂色	注字颜色
过热蒸汽	暗红	蓝	氨气	黄	黑	生活水	绿	白
真空	白	纯蓝	氮气	黄	黑	过滤水	绿	白
压缩空气	深蓝	白	硫	红	白	冷凝水	暗红	绿
燃料气	紫	白	纯碱	粉红	白	软化水	绿	白
氧气	天蓝	黑	油水	银白	黑			
氢气	深绿	红	井水	绿	白			

第三部分　塑料模具拆装实训

知识目标：注塑模基本知识
能力目标：了解注塑模的结构和典型模具，懂得模具的拆装和调试
实施建议：课室、现场或视频讲解
项目考核：注塑模的拆装和调试

项目一　模具概述

任务一　模具的作用

模具是工业生产的基础工艺装备，在电子、汽车、电机、电器、仪器、仪表和通讯等产品中，60%～80%的零部件都要依靠模具成型。用模具生产制件所表现出来的高精度、高复杂程度、高一致性、高生产率和低消耗，是其他加工制造方法所不能比拟的。模具又是“效益放大器”，用模具生产的最终产品的价值，往往是模具自身价值的几十倍、上百倍。模具生产技术水平的高低，已成为衡量一个国家产品制造水平高低的重要标志，在很大程度上决定着产品的质量、效益和新产品的开发能力。模具工业在国民经济中的重要地位和作用表现在以下几点。

第一，模具工业是高新技术产业的一个组成部分。例如，属于高新技术领域的集成电路的设计与制造，不能没有做引线框架的精密级进冲模和精密的集成电路塑封模；计算机的机壳、接插件和许多元器件的制造，也必须有精密塑料模具和精密冲压模具；数字化电子产品（包括通讯产品）的发展，没有精密模具也不行。因此可以说，许多高精度模具本身就是高新技术产业的一部分。有些生产高精度模具的企业，已经被命名为高新技术企业。

第二，模具工业又是高新技术产业化的重要领域。用信息技术带动和提升模具工业的制造技术水平，是推动模具工业技术进步的关键环节。CAD/CAE/CAM 技术在模具工业中的应用、快速原型制造技术的应用，使模具的设计制造技术发生了重大变革。

第三，模具工业是装备工业的一个组成部分。1998 年 11 月召开的中央经济工作会议，首次明确提出了加大装备工业的开发力度，推进关键设备的国产化。将机械工业作为装备工业，把它同一般的加工工业区别开来，是对机械工业在国民经济中的地位与作用的重新定位。

第四，国民经济的五大支柱产业——机械、电子、汽车、石化、建筑，都要求模具工

业的发展与之相适应。机械、电子、汽车工业需要大量的模具，特别是轿车大型覆盖件模具、电子产品的精密塑料模具和冲压模具，目前在质与量上都远不能满足这些支柱产业发展的需要。我国石化工业一年生产500多万吨聚乙烯、聚丙烯和其他合成树脂，很大一部分需要塑料模具成型做成制品，才能用于生产和生活的消费。生产建筑业用的地砖、墙砖和卫生洁具，需要大量的陶瓷模具；生产塑料管件和塑钢门窗，也需要大量的塑料模具成型。

任务二　模具的分类

模具通常可分为塑胶模具及非塑胶模具。

1. 非塑胶模具

①铸造模——水龙头、生铁平台；

②锻造模——汽车身；

③冲压模——计算机面板；

④压铸模——超合金、汽缸体。

2. 塑胶模具（根据生产工艺和生产产品的不同）

①注塑成型模——电视机外壳、键盘按钮（应用最普遍）；

②吹气模——饮料瓶；

③压缩成型模——电木开关、瓷碗碟；

④转移成型模——集成电路制品；

⑤挤压成型模——胶水管、塑胶袋；

⑥热成型模——透明成型包装外壳；

⑦旋转成型模——软胶洋娃娃玩具。

项目二　注塑模具

任务一　注塑模具的分类、特点和结构组成

1. 注塑模具的分类

注塑模具的分类方法很多，按其成型塑料的材料，可分为热塑性塑料模具和热固性塑料注塑模具；按其使用注射机的类型，可分为卧式注射机注塑模具、立式注射机用的注塑模具及角式注射机用的注塑模具；按其采用的流道形式，可分为普通流道注塑模具和热流道注塑模具；按其结构特征，可分为单分型面注塑模具、双分型面注塑模具、斜导柱（弯销、斜导槽、斜滑块、齿轮齿条）侧向分型与抽芯注塑模具、带有活动镶块的注塑模具、定模带有推出装置的注塑模具和自动卸螺纹注塑模具等。

2. 注塑模具的特点

注塑成型生产中使用的模具叫做注塑成型模具，简称注塑。由于它使用方便灵活、工作可靠、生产效率高，而成为塑料成型领域里最常用到的一种模具。注塑模的基本结构都是由定模和动模两大部分组成的，动模和定模一起构成了模具型腔和浇注系统。定模部分

安装在注射机的固定板上，动模部分安装在注射机的移动板上。注塑成型时，定模部分和被拖动的动模部分经导柱导向而闭合，塑料熔体从注射机喷嘴经模具浇注系统进入型腔；注塑成型冷却后开模，动模和定模分开。一般情况下，塑件留在动模部分上，模具顶出机构将塑件推出模外。

3. 注塑模具的结构组成

注塑模的种类很多，但不论是简单的还是复杂的注塑模具，其基本结构都是由动模和定模两大部分组成的。定模部分安装在注塑机的固定模板上，动模部分安装在注塑机的移动模板上，在注塑成型过程中，它随注塑机上的合模系统运动。

根据模具上各零件所起的作用，一般注塑模可由以下几个部分组成，如图 3－1 所示。

（1）成型部分

成型是指动、定模部分有关组成型腔的零件，如成型塑件内表面的凸模和成型塑件外表面的凹模以及各种成型杆、镶件等。如图 3－1 所示的单分型面注塑模中，型腔是由动模板 1、定模板 2 和凸模 7 等组成。

（2）合模导向机构

合模导向机构是保证动模和定模在合模时准确对合，以保证塑件形状和尺寸的精确度，并避免模具中其他零部件发生碰撞和干涉。常用的合模导向机构是导柱和导套（见图 3－1 中的 8、9）。对于深腔薄壁塑件，除了采用导柱、导套导向外，还常采用在动、定模部分设置互动吻合的内外锥面导向定位机构。

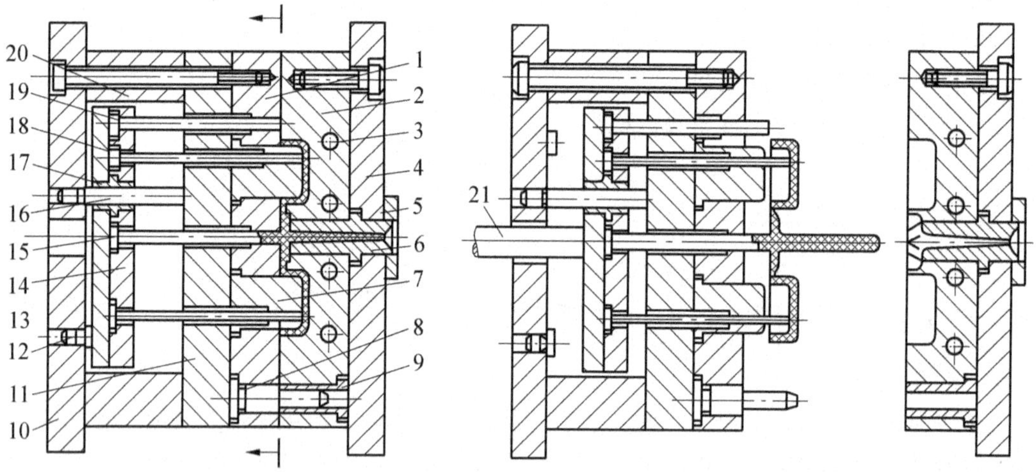

(a) 合模状态　　(b) 开模状态

图 3－1　单分型面注塑模

1—动模型板；2—定模型板；3—冷却水道；4—定模固定板；5—定位圈；6—浇口套；7—凸模；8—导柱；9—导套；10—动模固定板；11—支承板；12—定位销；13—推板；14—推杆固定板；15—拉料杆；16—推板导柱；17—推板导套；18—推杆；19—复位杆；20—垫块；21—注射机推杆

（3）浇注系统

浇注系统是熔融塑料从注射机喷嘴进入模具型腔所流经的通道，它由主流道、分流道、浇口和冷料穴组成。

(4) 脱模机构

用于开模时将塑件从模具中脱出的装置，又称顶出机构或顶出装置。其结构形式很多，常见的有推杆脱模机构、推件板脱模机构和推管脱模机构等。图 3－1 中的推板 13、推杆固定板 14、拉料杆 15、推杆 18 和复位杆 19 组成了推杆脱模机构。

(5) 侧向分型与抽芯机构

如果塑件上的侧向有凹凸形状的孔或凸台时，就需要有侧向的凸模或型芯来成型。在开模推出塑件之前，必须先将侧向凸模或侧向型芯从塑件上脱出或抽出，塑件才能顺利地脱模。使侧向凸模或侧向型芯移动的机构称为侧向抽芯机构。如图 3－2 所示为利用斜导柱进行侧向抽芯的注塑模，侧向抽芯机构由斜导柱 10、侧型芯滑块 11、锁紧块 9 和侧型芯滑块的定位装置组成。

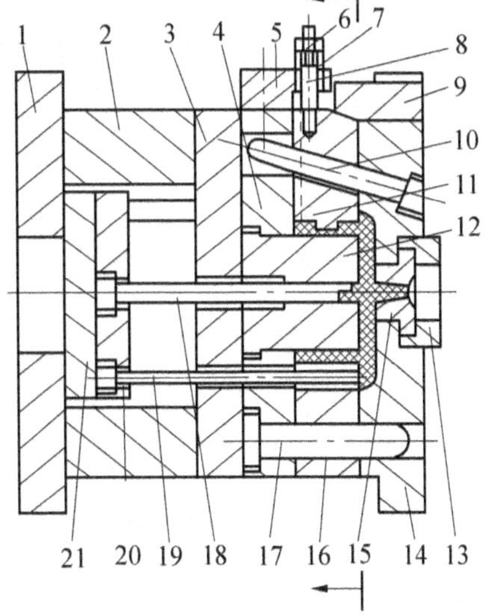

图 3－2　利用斜导柱进行侧向抽芯的注塑模

1—动模固定板；2—垫块；3—支承板；4—凸模固定板；5—挡块；6—螺母；7—弹簧；8—滑块拉杆；9—锁紧块；10—斜导柱；11—侧型芯滑块；12—凸模；13—定位环；14—定模板；15—浇口套；16—动模板；17—导柱；18—拉杆；19—推杆；20—推杆固定板；21—推板

(6) 加热和冷却系统

为了满足注塑工艺对模具的温度要求，必须对模具温度进行控制，所以模具常设计有冷却系统，并在模具内部或四周安装加热元件。冷却系统一般是在模具上开有冷却水道，如图 3－1 中的冷却水道 3。

(7) 排气系统

在注塑成型过程中，为了将型腔内的气体排出，常开设有排气系统。一般是在分型面上开设几条沟槽，或利用模具的推杆或型芯与模板之间的配合间隙进行排气。小型模具可利用分型面直接排气，不必设置排气系统。

(8) 其他零部件

指注塑模具里其他一些用来固定、支承成型零件或起定位和限位作用的零部件。

任务二　注塑模的典型模具结构

1. 单分型面注塑模

只要动、定模分开，就可以取出塑件，称为单分型面注塑模，或双板式注塑模。其结构如图 3－1 所示，是结构最简单、最基本的一种注塑模，也是应用最广泛的一种注塑模。

2. 双分型面注塑模

双分型面注塑模有两个分型面，如图 3－3 所示。$A-A$ 为第一分型面，分型后浇注系统凝料由此脱出，而 $B-B$ 为第二分型面，分型后塑件由此脱出。它的特点是中间加了一块可以局部移动的中间板（或叫做活动浇口板），所以也叫做三板式注塑模，它常用于点浇口进料的单型腔或多型腔的注塑模。

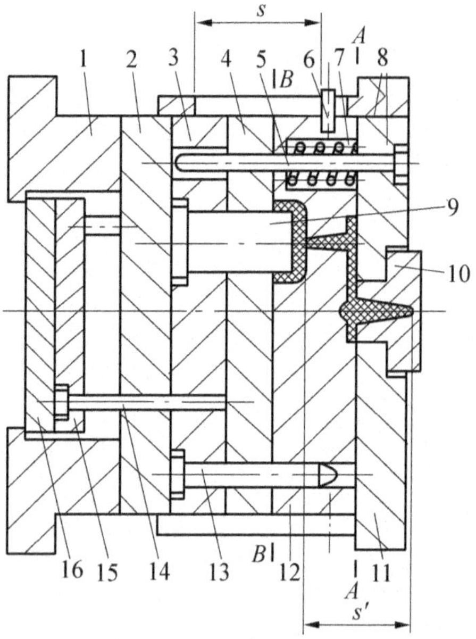

图 3－3　双分型面注塑模

1—模座板；2—支承板；3—动模固定板；4—推件板；5—导柱；6—限位销；7—弹簧；8—定距拉杆；9—凸模；10—浇口套；11—定模固定板；12—中间板；13—导柱；14—推杆；15—推杆固定板；16—推板

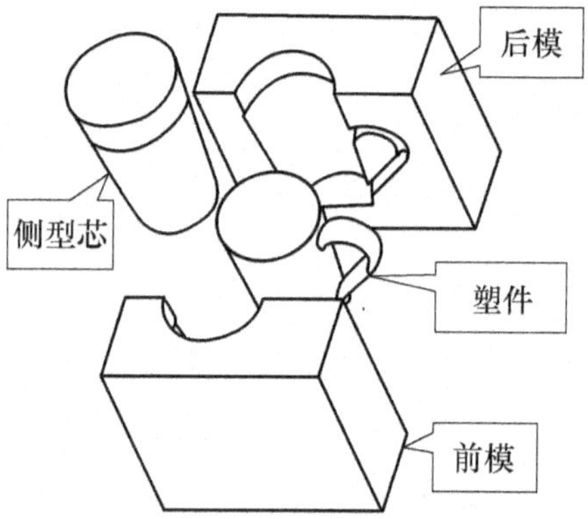

图 3－4　塑料水杯模具的开模情形

3. 带侧向分型与抽芯机构的注塑模

当塑件侧向上有侧凸或侧凹时，就需要用带侧向分型与抽芯机构的注塑模来成型。如图 3－4 所示为塑料水杯模具的开模情形，就是典型的需要侧向分型与抽芯机构的注塑模。图 3－2 所示的是利用斜导柱进行侧向抽芯的注塑模；图 3－5 所示的是利用斜滑块进行侧向抽芯的注塑模。

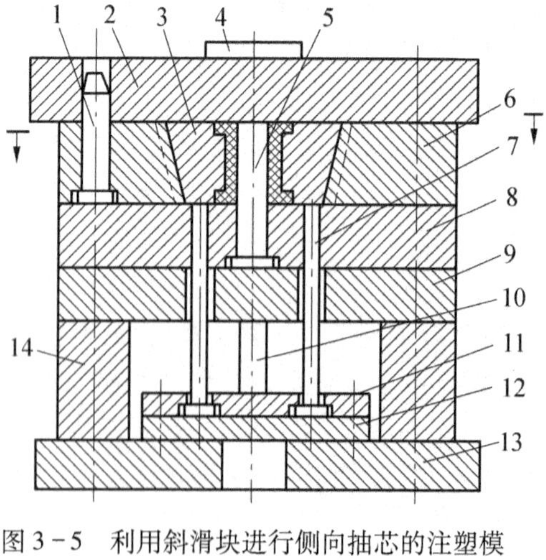

图 3－5　利用斜滑块进行侧向抽芯的注塑模

1—导柱；2—定模固定板；3—斜滑块；4—定位圈；5—型芯；6—动模板；7—推杆；8—型芯固定板；9—支承板；10—拉料杆；11—推杆固定板；12—推板；13—动模固定板

4. 带有活动成型零部件的注塑模

如果塑件上有特殊结构，要求在注塑模上设置活动的成型零部件，如活动的凸模、活动的凹模、活动镶件、活动螺纹型芯或型环等，在脱模时可与塑件一起移出模外，然后与塑件分离。如图 3－6 所示为带有活动镶块的注塑模。开模时，塑件包在型芯 4 和活动镶件 3 上跟动模部分左移，并脱离定模板 1，分型到一定距离后，脱模机构开始工作，设置在活动镶件 3 上的推杆 9 将活动镶件连同塑件一起推出型芯脱模。合模时，推杆 9 在弹簧 8 的作用下复位，推杆复位后，动模板停止移动，人工将镶件插入镶件定位孔中，合模开始浇注。

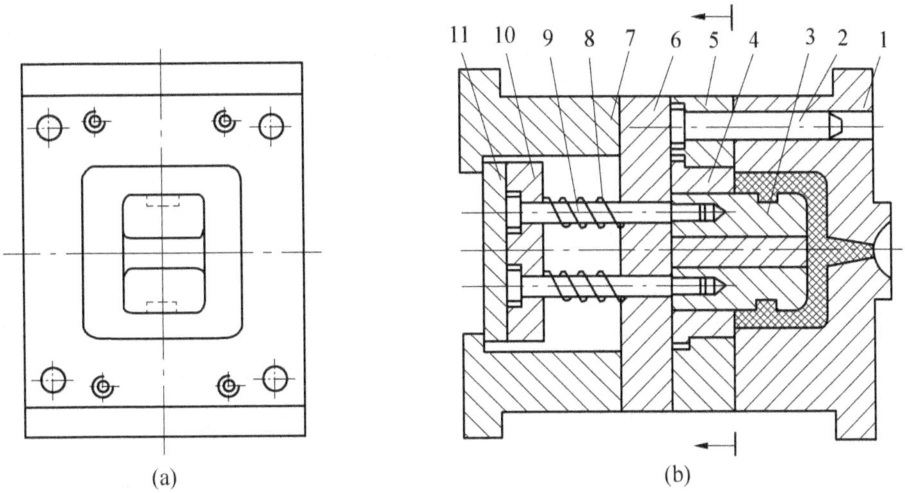

图 3－6　带有活动镶块的注塑模

1—定模板；2—导柱；3—活动镶件；4—型芯；5—动模板；6—动模垫板；7—动模固定板；8—弹簧；9—推杆；10—推杆固定板；11—推板

5. 自动卸螺纹注塑模

对带有螺纹的塑件，如瓶盖等，可以设置自动脱模机构，加快生产速度。如图 3－7 所示为用于直角式注射机的自动卸螺纹注塑模，注射机上的开合螺母丝杠拖动螺纹型芯 1 转动，完成自动脱模。

6. 无流道注塑模

无流道注塑模是采用对流道进行隔热或加热的方法，保持从注射机喷嘴到模具型腔之间的塑料始终呈熔融状态，使开模取出塑件时没有浇注系统的凝料。这类模具可以节约材料，提高生产效率，容易实现自动化，但模具成本较高，只适用于大批量生产。如图 3－8 所示的热流道注塑模即是该类模具中的一种。

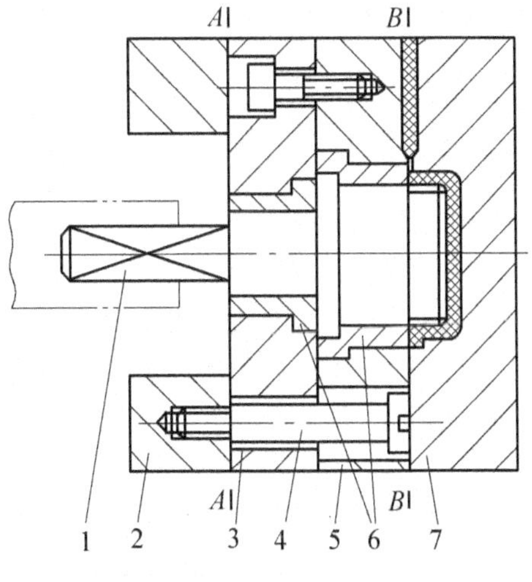

图 3－7　自动卸螺纹注塑模

1—螺纹型芯；2—垫块；3—动模垫块；4—定距螺钉；5—动模板；6—衬套；7—定模板

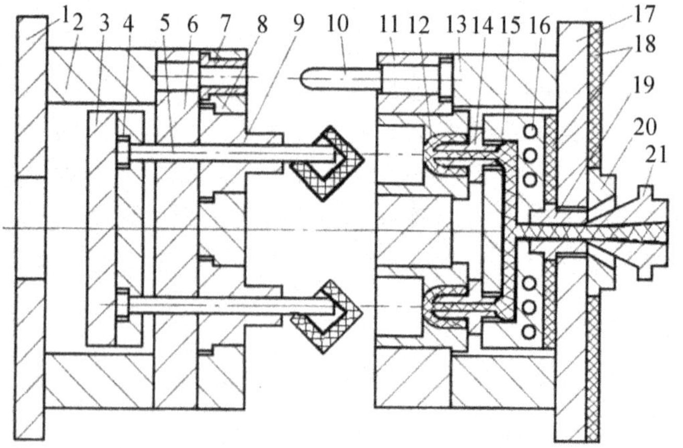

图 3－8　热流道注塑模

1—动模固定板；2，13—垫板；3—推板；4—推杆固定板；5—推杆；6—支承板；7—导套；8—动模板；9—凸模；10—导柱；11—定模；12—凹模；14—喷嘴；15—热流道板；16—加热器孔道；17—定模固定板；18—绝热层；19—浇口套；20—定位环；21—注射机喷嘴

7. 脱模机构在定模上的注塑模

在大多数的注塑模具中，脱模机构都是设置在动模里，这样有利于顶出机构的工作。而在实际生产中，有些塑件由于形状所限，开模时，塑件留在定模里较好，此时脱模机构就要设置在定模里了。如图 3－9 所示为脱模机构在定模上的注塑模，采用直角浇口。在开模时，由于塑件紧包在凸模 11 上而留在定模内，当动模左移到一定距离时，拉板 8 通过定距螺钉 6 带动推件板 7 将塑件从凸模上脱出。

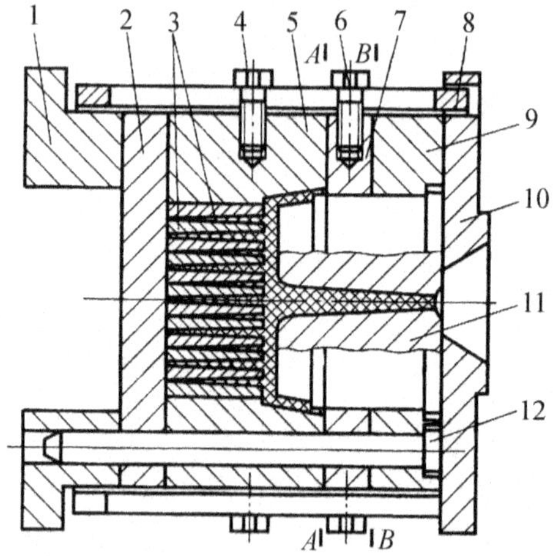

图 3－9　脱模机构在定模上的注塑模

1—动模固定板；2—支承板；3—成型镶块；4—拉板紧固螺钉；5—动模板；6—定距螺钉；7—推件板；8—拉板；9—定模板；10—定模固定板；11—凸模；12—导柱

任务三　浇注系统

1. 浇注系统各部分的作用

（1）主流道

从注射机喷嘴与模具接触处起到分流道为止的一段料流通道，负责将塑料熔体从喷嘴引入模具。

（2）分流道

主流道与浇口之间的料流通道，是塑料熔体由主流道流入模腔的过渡段，负责将熔体的流向进行平稳的转换，在多模腔中还起着将熔体向各个模腔分配的作用。

（3）浇口

分流道与模腔之间长度非常短、截面又很狭窄的一段料流通道，其主要作用如下。

①因浇口截面狭窄，所以可使经过分流道之后，压力和温度都已有所下降的塑料熔体产生加速度和较大的剪切热，保证熔体充模时具有较快的流动速度和较好的流动性。

②因其长度短、截面狭窄，所以浇口内可容纳的塑料熔体体积很小，故很容易冷却固化（俗称浇口冻结），从而有助于防止保压压力不足或保压时间过短而引起的倒流现象。

③由于截面狭窄，所以在浇口内冷却固化的塑料熔体（废料）强度很低，非常容易断裂，故便于制品和废料分离，并便于制品脱模。

④浇口的长度和截面尺寸一般均可在试模过程中适当调整。特别是调整其截面尺寸时，截面高度的变化对浇口的容积及浇口冻结时间影响很大；另外，截面积的变化对塑料熔体内的切变速率影响很大，而切变速率又与熔体表观黏度有关，所以改变浇口截面尺寸或截面积的大小，可以控制浇口冻结时间（即补缩时间或补缩程度），以及熔体充模时的流动性能。

（4）冷料穴

冷料穴一般开设在主流道末端，当分流道较长时，其末端也可设冷料穴。冷料穴的作用是收集每次注塑成型时流动熔体前端的冷料头（前锋冷料），避免这些冷料进入模腔影响制品成型质量，或防止这些冷料堵塞浇口造成制品缺料。如果需要防止模腔内不同流向的熔体汇合时因冷料头而影响熔接痕的强度，亦可将冷料穴就近开设在熔体汇合之处的模腔外，并与模腔连通。

2. 常用浇口的类型和特点

常用浇口的类型和特点见表 3－1。

表 3－1　常用浇口的类型和特点

类型	简　图	特　点
直接浇口	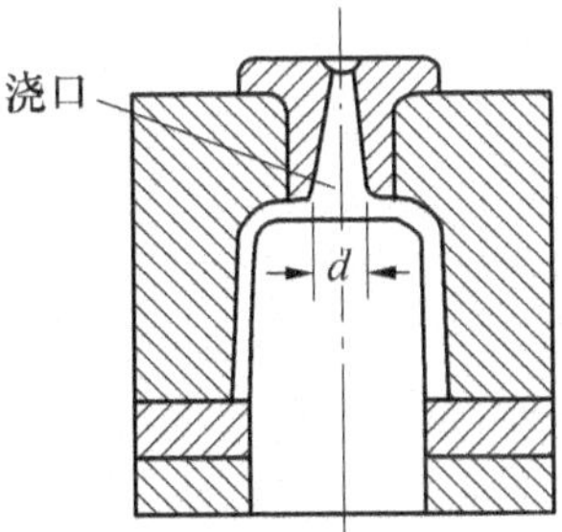	直接浇口应用于单型腔模具或要求对称充填的制件。这种类型的浇口适合于较大壁厚处，这样保压压力将更为有效。较短的浇口最好，这样模具充填更为快速，且压力损失较低。浇口另一侧需配备一个冷料井。使用这种浇口的劣势在于，流道（或注道）被修整之后，制件表面会产生浇口痕迹。可以通过制件厚度来控制凝固，但凝固并不取决于制件厚度。一般而言，在注道浇口附近的收缩率较低，而注道浇口处的收缩率较高。这会导致浇口附近具有较高的拉伸应力
侧浇口	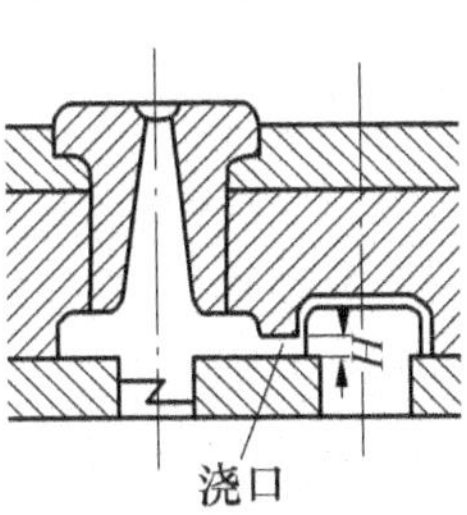	侧浇口或边缘浇口适用于具有中等厚度和较厚的部分，也可用于多型腔双板模具中。浇口位于分型面处，制件从侧边、顶部或底部进行充填。浇口尺寸一般为制件厚度的 80% ～100%，最大为 3.5 mm，宽度为 1.0 ～ 12 mm。浇口段长度不超过 1.0 mm，0.5 mm 最佳

类型	简 图	特 点
重叠式浇口	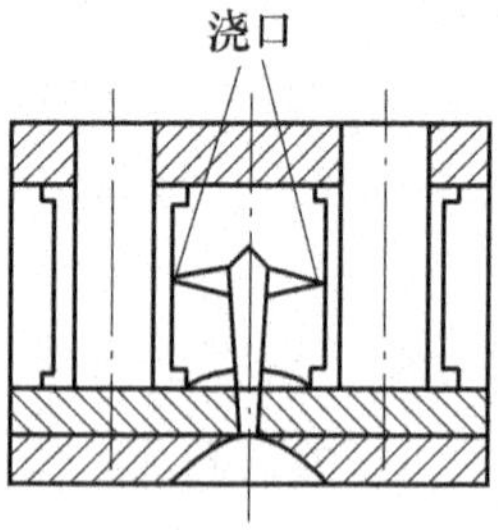	重叠式浇口类似于边缘浇口，一般适用于垂直分型面及立式或直角式注塑模，形成骨架类薄壁塑件。这种浇口尺寸一般为制件厚度的 10% ～80%，宽度为 1 ～12 mm。浇口段长度不能大于 1.0 mm，0.5 mm 最佳
点浇口	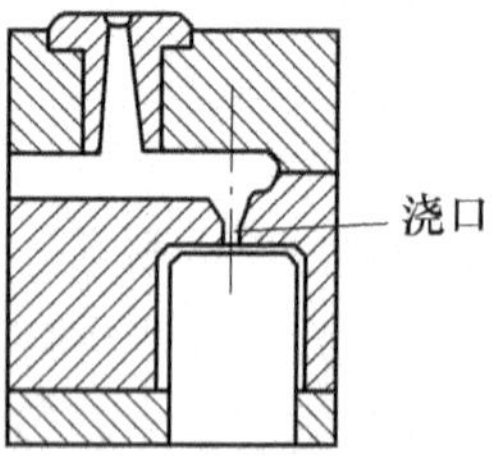	点浇口只适用于三板模具，因为其只能在相反的方向对制件进行顶出。浇口在中断时力量必须很弱，以免损坏制件。该类浇口最适用于薄的制件。当一个制件需要有多个浇口以确保对称充填，或者要求缩短流道长度以确保对制件所有区域的充填时，该类浇口尤其有效。 对于非增强型热塑性塑料，浇口直径为 0.8 ～6 mm。浇口较小会导致高剪切，从而产生热降解。增强型热塑性塑料要求略大的浇口（大于 1 mm）。浇口面的最大长度为 1 mm
环形浇口	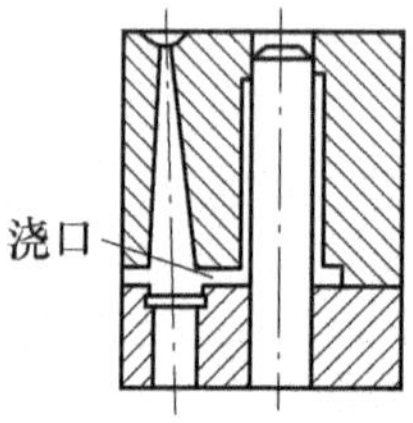	环形浇口应用于多型腔模具的圆柱形或圆形制件，或当隔膜浇口不适用时。材料从一侧进入外环，在流道的另一侧形成熔接线，这种熔接线一般不会转移到制件上。 一般地，浇口厚度为 0.25 ～1.5 mm
扇形浇口	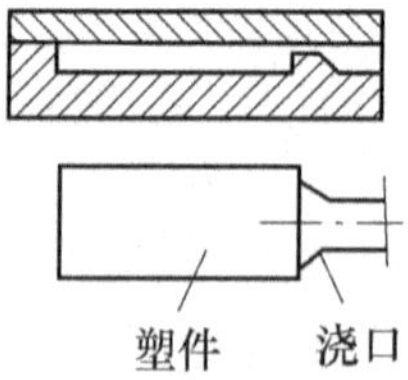	扇形浇口是一种宽的边缘浇口，可以有多种厚度。这种浇口通常用于注射较厚的制件，其能够以较低速度注射，且不产生凝固，这适用于注塑应力低或者对翘曲和尺寸稳定性有要求的注塑成型过程。浇口在宽度和厚度处都要求有锥度，以维持一个连续的横截面区域。这能确保：恒定的熔融速度、流动的整个宽度一致、整个宽度范围内压力一致。 对于其他人工去除式浇口，其最大厚度不超过制件厚度的 80%。制件宽度可以在 6 mm 至型腔长度的 25% 的范围内变化
盘形浇口	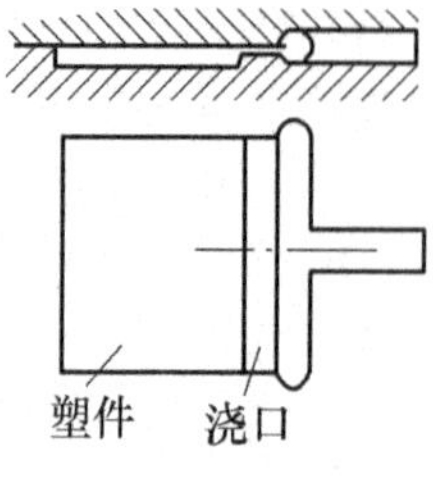	盘形浇口由一条直流道和一个穿越整个或部分型腔的浇口面组成。此类浇口用于注塑长的、扁平的薄制件，且充填均匀。其收缩率更加统一，这一点对于加纤热塑性材料，以及要求将翘曲程度控制在最小时尤为重要。 浇口尺寸小，一般的厚度为 0.25 ～0.5 mm。还须保证浇口面（浇口长度）很小，为 0.5 ～1.0 mm

类型	简　图	特　点
潜入式浇口	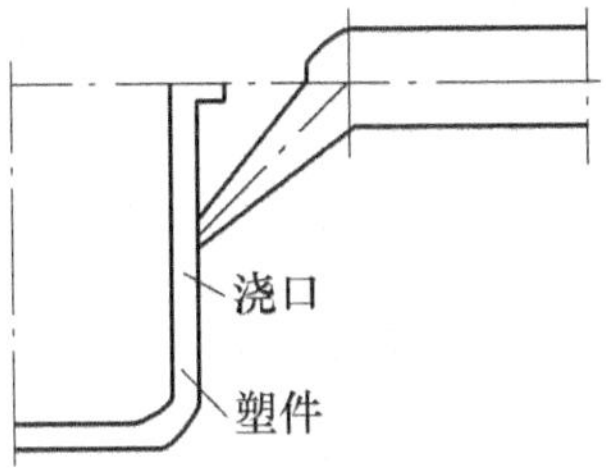	潜入式浇口用于双板模具构造。从浇口末端至型腔间应加工成一条有锥度的隧道，且其位于分型面下面。当对制件和流道进行顶出时，浇口在制件处被切断。该隧道的位置可以在动模或定模上。当对外观要求较高时，该类浇口通常位于制件非可视一侧的推顶杆一侧内。为了去除浇口，隧道要求有一个好的锥度，且可以任意弯曲。 一般地，浇口尺寸为 0.8 ～1.5 mm；对于加纤材料，尺寸更大一些
热流道浇口	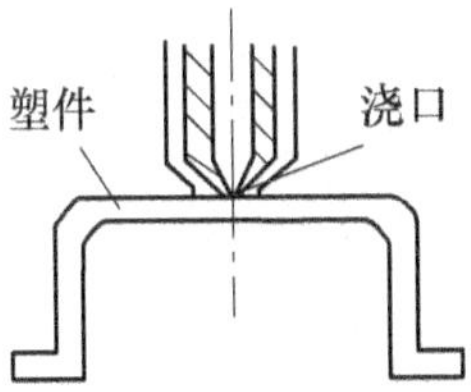	热流道浇口即无注道浇口。无流道模具的料嘴延长到制件处，且材料通过针点浇口进行注射。射嘴面为型腔表面的一部分，这会产生外观问题（无光泽和有波纹的表面）。因此，射嘴直径应尽量地小。该类浇口最适用于薄的制件，其具有较短的周期时间，从而可以避免射嘴的凝结

3. 冷料穴和拉料杆的形式

冷料穴和拉料杆的形式见表 3-2。

表 3-2　冷料穴和拉料杆的形式

类型	简　图	说　明	类型	简　图	说　明
沟扣形	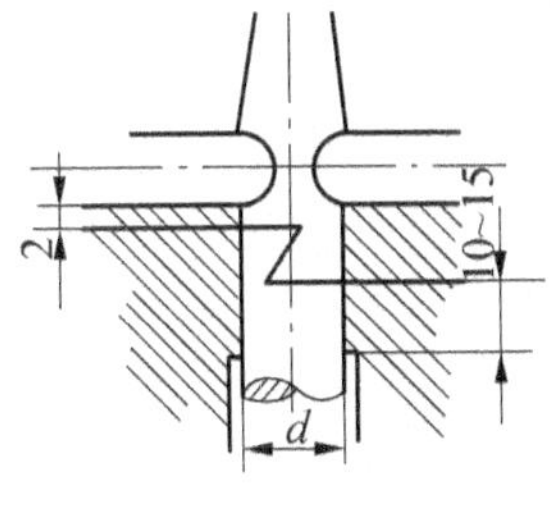	一般常用形式，也适用于热固性塑件	圆扣形	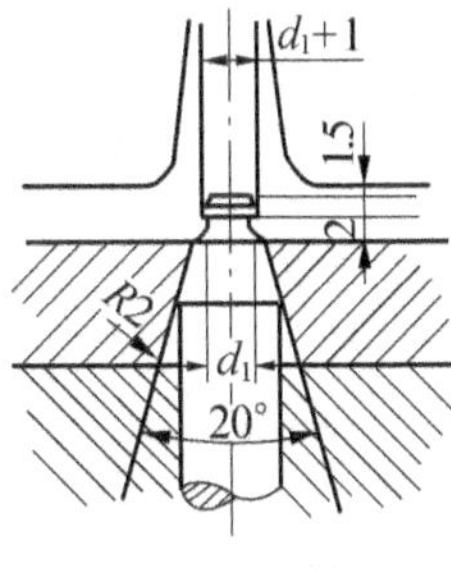	应用于脱件板脱模无冷料穴时
锥形	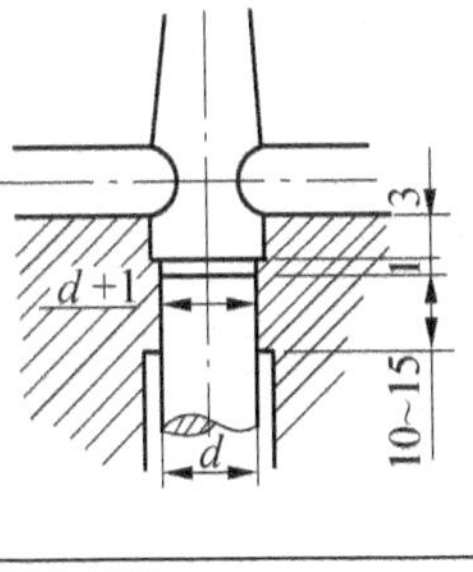	应用于软质塑料，对硬压和热固性塑料也有使用，但锥度要很小	倒锥形	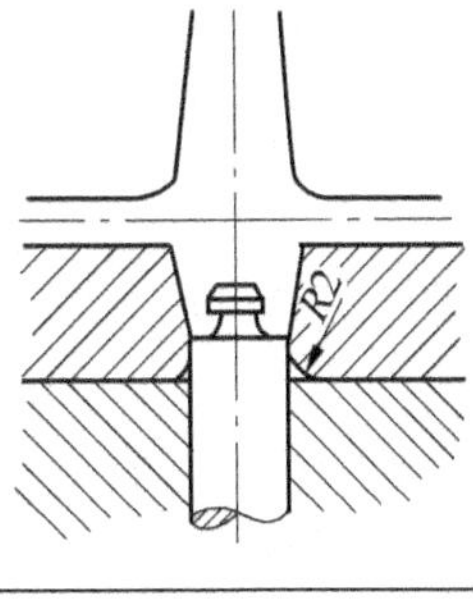	应用于脱件板脱模有冷料穴时

续表 3-2

类型	简图	说明	类型	简图	说明
沟形	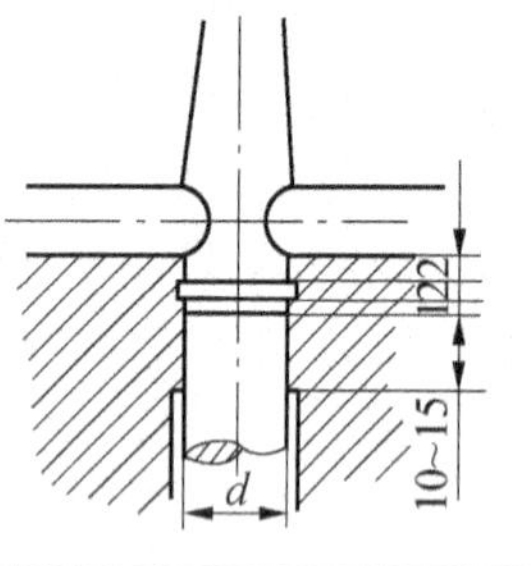	一般应用形式	分流锥形	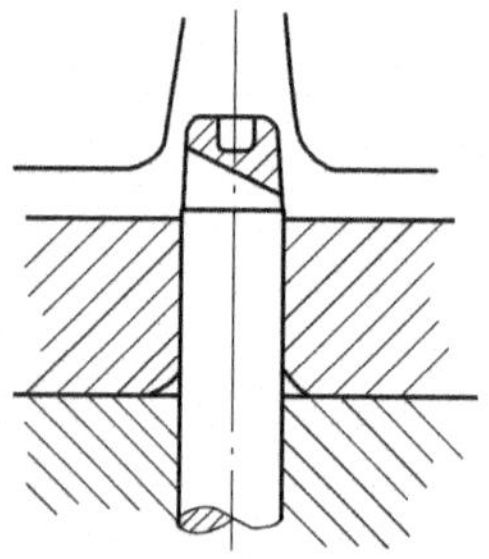	应用于热固性塑件脱件板脱模时
球扣形	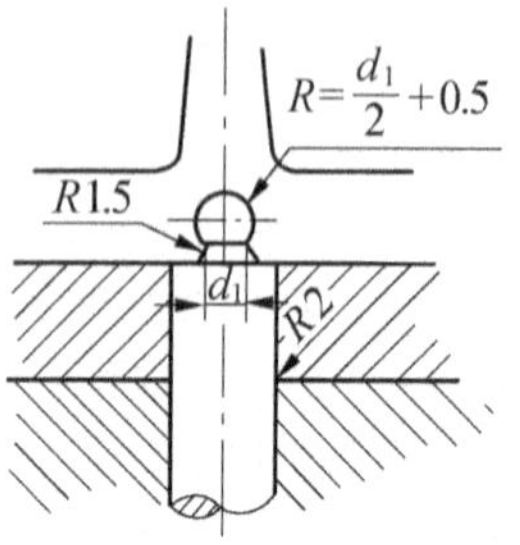	应用于脱件板脱模无冷料穴时	回球形	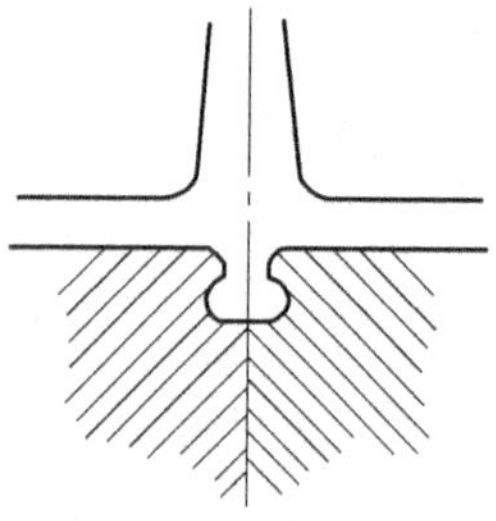	应用于有垂直分型的热固性塑件时

任务四　脱模机构

在注塑成型的每一个循环中，塑件必须从模具型腔内取出，一般成型的模具是使塑件黏附在动模上，利用机床的开模动作取出塑件。但是，在设计脱模机构时，必须根据塑件的形状、复杂程度和注射机顶出结构形式，采用各种不同类型的脱模结构。

1. 脱模机构的组成

（1）推出部件（推杆、拉料杆、复位杆、推板固定板、推板、限板、限位钉）。

（2）推出导向部件（推杆导柱、推杆导套）。

（3）复位部件（复位杆）。

2. 脱模机构的类型

按动力来源分，脱模机构可分为如下三类。

（1）手动推出机构

指当模具分开后，用人工操纵脱模机构使塑件脱出，它可分为模内手工推出和模外手工推出两种。这类结构多用于形状复杂，不能设置推出机构的模具或塑件结构简单、产量小的情况，目前很少采用。

（2）机动推出机构

依靠注射机的开模动作驱动模具上的推出机构，实现塑件自动脱模。这类模具结构复杂，多用于生产批量大的情况，是目前应用最广泛的一种推出机构，也是本章的重点。它包括顶针类脱模、司筒脱模、推板类脱模、气动脱模、内螺纹脱模及复合脱模。

（3）液压和气动推出机构

一般是指在注射机或模具上设有专用液压或气动装置，将塑件通过模具上的推出机构推出模外或将塑件吹出模外。

按照模具的结构特征分，脱模机构可分为：一次脱模机构、定模脱模机构、二次或多次脱模机构、浇注系统水口料的脱模机构、带螺纹塑件的脱模机构等。

3. 一次脱模机构

在开模后用一次动作把塑件脱出的脱模机构，其结构有以下几种形式。

(1) 顶杆脱模机构

因为制造简便，滑动阻力小，可在塑件的任意地方配置，更换方便。脱模效果好，故生产中广泛使用。由于塑件形状不同，顶杆的位置和形状也不同，因此顶杆脱模形式是多种多样的。

一般顶杆脱模机构见表3－3。

(2) 顶管脱模机构

顶管的传动方式与顶杆基本上相同。顶管脱模的优点是顶出受力均匀，脱模容易，但过薄的顶管容易损坏。

顶管脱模机构见表3－4。

表3－3　一般顶杆脱模机构

简　图	说　明	简　图	说　明
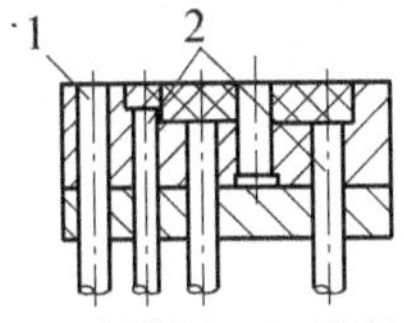 1—复位杆；1—推杆	用于片塑件，推杆设在塑件底面	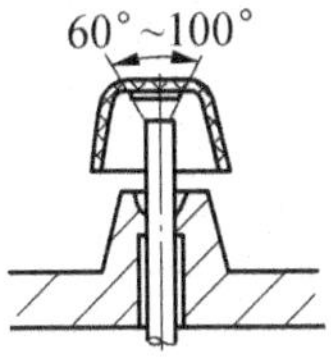	利用设置在塑件内的圆推杆推出，接触面积大，便于脱模，但型芯冷却较困难
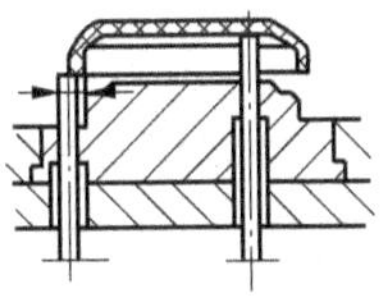	盖、壳体塑件的侧面阻力大，须采用周边与顶面同时推出，以免变形	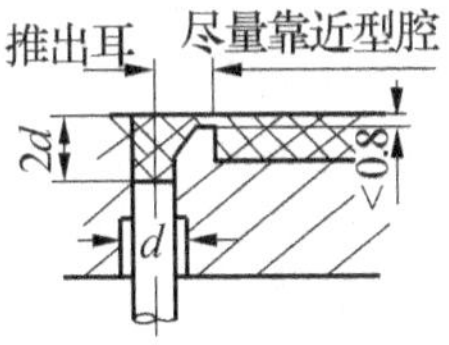	当塑件不允许有推杆痕迹，但又需要推杆推出时，可采用推出耳
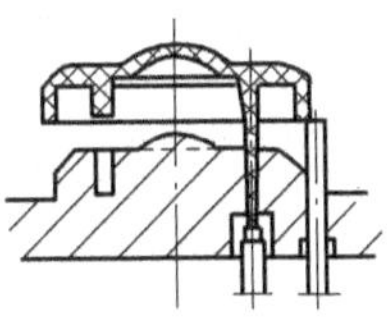	对有狭小加强肋的塑件，为了防止加强肋断裂留在凸模上，除了周边设置推杆外，肋上也设推杆	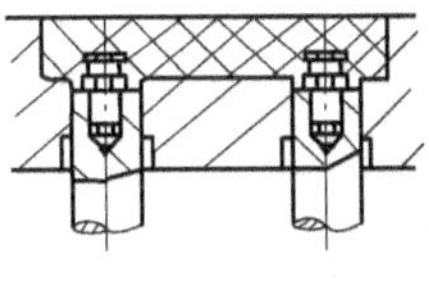	推出有嵌件的塑件时，推杆可设在嵌件上

表3－4　顶管脱模机构

简　图	说　明	简　图	说　明
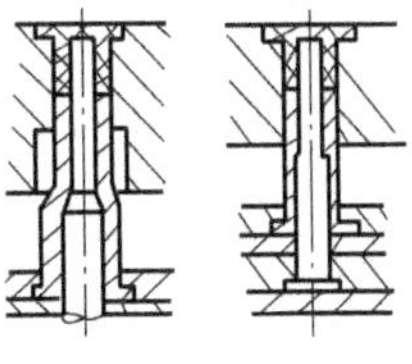	推管固定于中间推出板上，适用于推出距离不大的场合	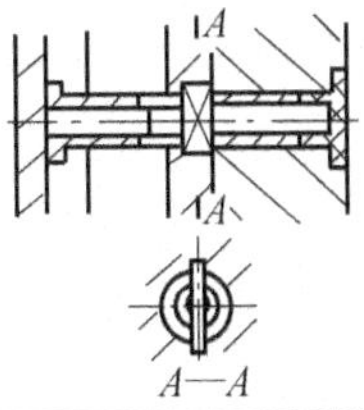	推管开有长槽，型芯用圆柱销或方销固定在模板上，但型芯的紧固力较小

简　　图	说　　明	简　　图	说　　明
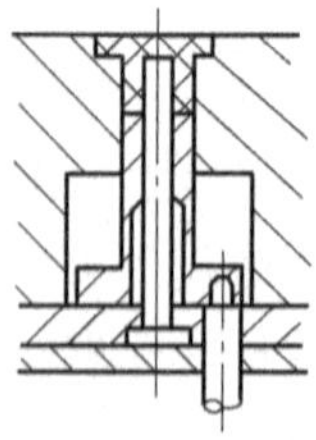	推管在型板内活动，可缩短推管长度	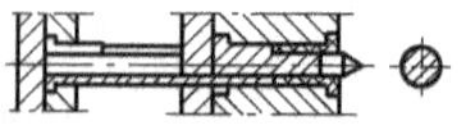	推管穿过型芯，型芯可缩短，并可省去型芯固定板，结构紧凑

（3）脱件板脱模机构

对于一些深腔、薄壁和不允许有顶杆痕迹的塑件，可采用脱件板形式。该结构脱件平稳，推力均匀，推出面积大，但型芯周边外形复杂时，则脱件板的型孔加工一般较困难。

脱件板脱模机构见表 3－5。

表 3－5　脱件板脱模机构

简　　图	说　　明	简　　图	说　　明
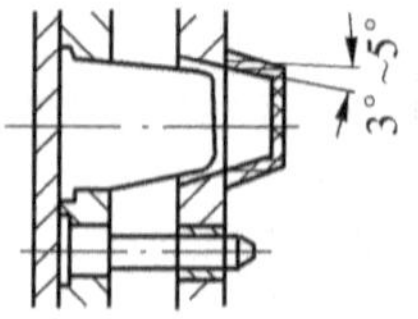	推件板与型芯的配合部位有 3°～5°的配合斜度，以便脱模	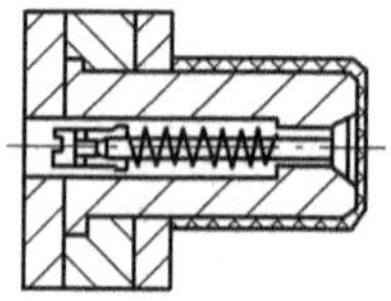	对大型、壳体、深腔、薄壁等塑件，应增加进气装置，否则塑件内易形成真空而推件困难
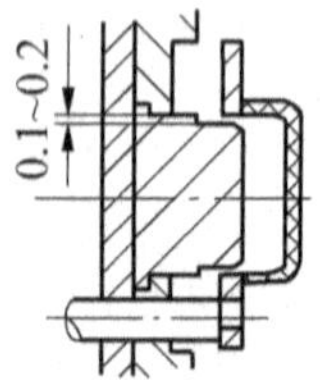	型芯与推件板的配合部位有 0.1 ～0.2 mm 的台阶，以免推出时划伤塑件	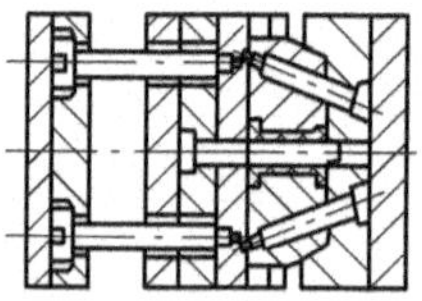	斜销带动滑块在推件板导滑槽内活动，作侧向抽芯，推件板由定距螺钉推动，推出塑件

（4）压缩空气脱模机构

在型芯上设置压缩空气顶出阀门，使型芯和塑件之间吹入 5 ～6 kg/cm^2 的压缩空气，使塑件脱模。加工比较简单，适合于深腔、薄壁塑件。

一般压缩空气脱模机构见表 3－6。

表 3－6　一般压缩空气脱模机构

简　　图	说　　明	简　　图	说　　明
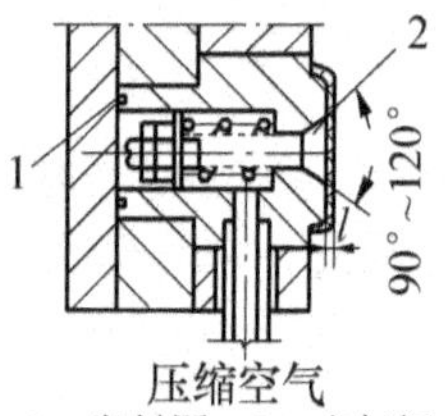1—密封圈；2—出气阀	推件时通入压缩空气，压缩弹簧开启阀门，推出塑件。阀门闭合靠弹簧的弹力	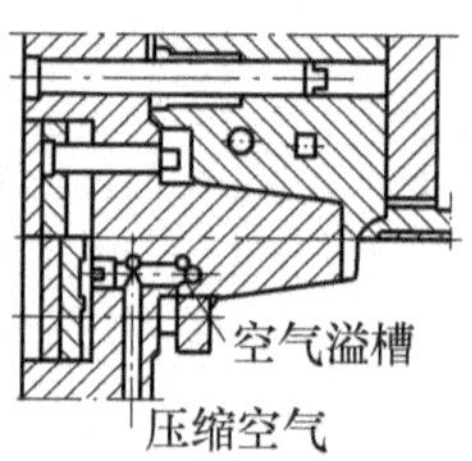	由推件板和压缩空气推出塑件，适于推出深腔与型芯间易形成真空的塑件

（5）两个以上的联合脱模机构

在某些情况下由于塑件的特殊性，必须使用联合脱模机构（见表3－7）。

表3－7　联合脱模机构

简　　图	说　　明	简　　图	说　　明
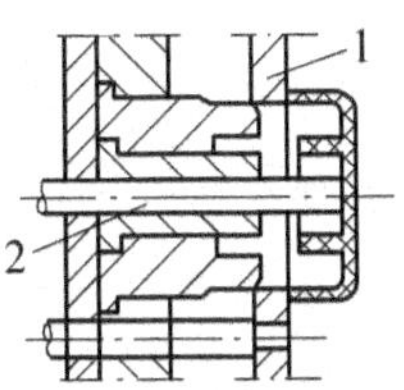	采用以推件板1为主、推杆2为辅的联合推出方式，可避免由于型芯内部阻力大，单独采用推件板或推杆会损坏塑件	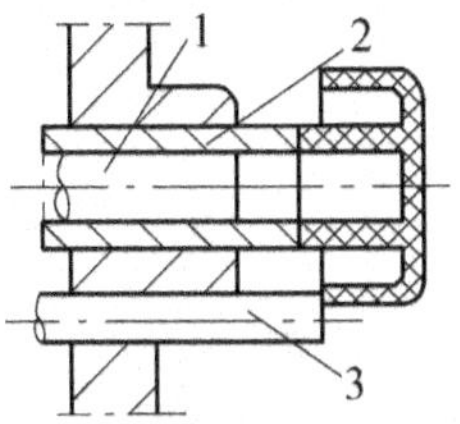	当塑件在凸起深筒或脱模斜度较小时，深筒周边与型芯1的阻力大，宜采用以推杆3为主、推管2为辅的联合推出方式
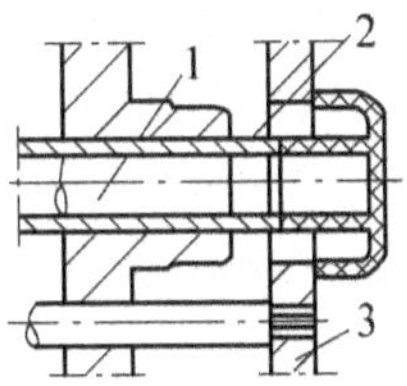	为克服型芯1和深筒周边的阻力，防止塑件损坏，宜采用以推件板3为主、推管2为辅的联合推出方式	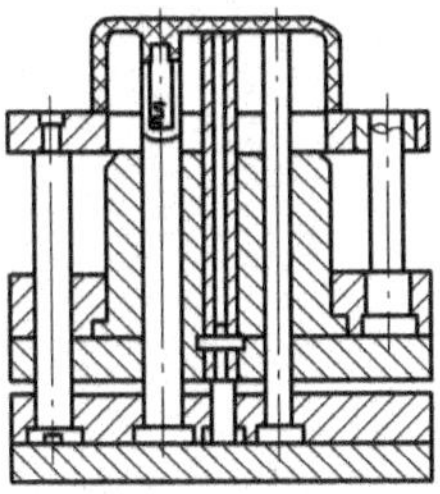	考虑到嵌件放置和凸起轴的脱模阻力，宜采用推杆、推板、推管联合推出的方式

（6）其他一次脱模机构

其他一次脱模机构见表3－8。

表3－8　其他一次脱模机构

	简　　图	说　　明		简　　图	说　　明
	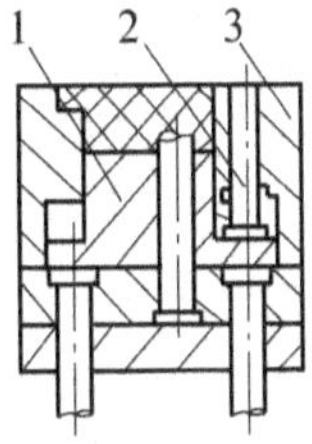	采用台阶推块推出塑件时，型腔3与推块1的移动空间应足以使推块推出塑件，复位杆2使推块复位		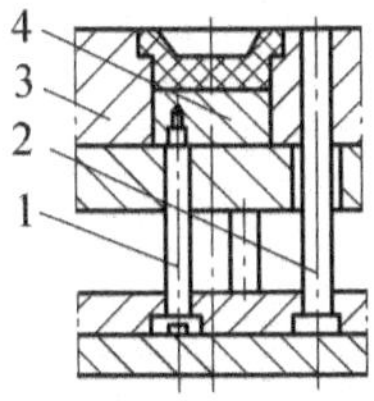	采用非台阶推块推出塑件时，推块4不得脱离型腔3的配合面，复位杆2带动推杆1使推块复位
成型镶件推出	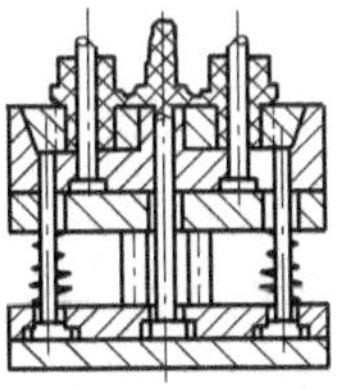	推杆推出螺纹型环，人工取出塑件后，将型环放入模内，弹簧起复位作用	型腔推出	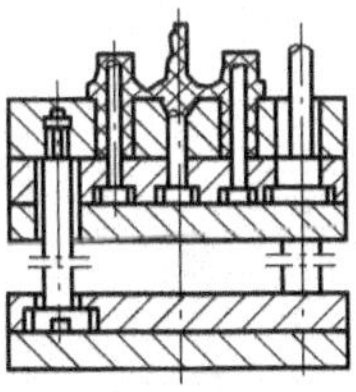	型腔推出塑件后，人工取出塑件，适用于软质塑料，但型腔数目不宜过多，不然取件困难
	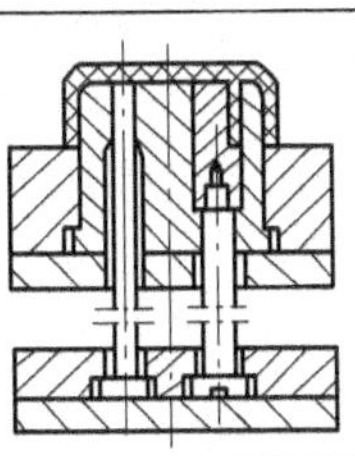	推杆推出型芯镶件，塑件取出后，推杆带动镶件复位		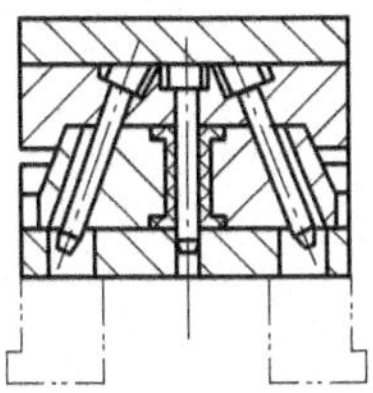	斜销与滑块孔间留有较大间隙，刚开模时，滑块不动，型芯卸除包紧力。继续开模，滑块运动，同时完成抽芯和推件动作

4. 二次脱模机构

在一次脱模动作完成后，塑件仍然难于从型腔取出或者不能自动落下时，使用二次脱模机构形式。二次脱模机构见表 3－9。

表 3－9　二次脱模机构

形式	简　图	说　明
拉钩二次推出	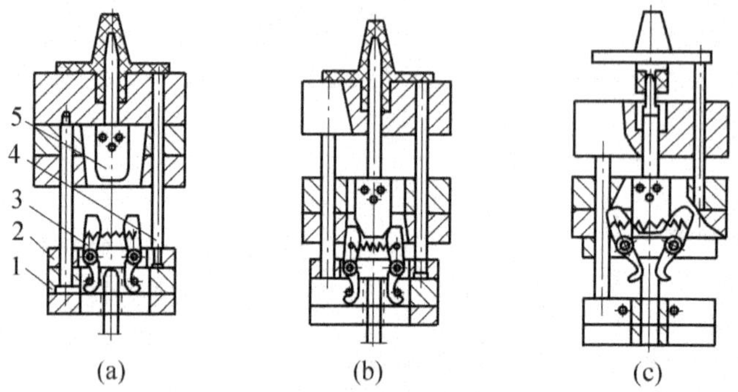	图（a）为开模时塑件尚未推出状态。 图（b）为一次推杆固定板 1 和二次推杆固定板 2 同时动作，完成一次推出。 图（c）为分楔 5 使拉钩 3 脱钩，一次推杆固定板 1 停止，二次推杆固定板 2 继续动作，带动二次推杆 4 推出塑件，件 1、件 2 靠复位杆复位
八字形转板二次推出	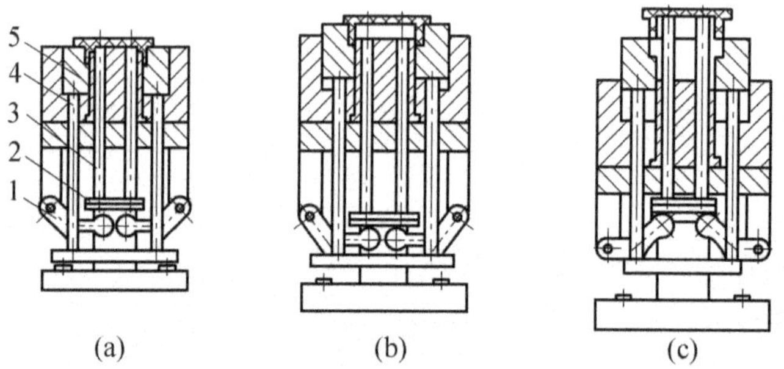	图（a）为开模时塑件尚未推出状态。 图（b）为一次推杆 4 动作，完成一次推出。 图（c）为碰撞八字形转板 1，使其推动二次推杆固定板 2，由于转板摆动角的作用，二次推杆向前运动的距离大于一次推杆，于是塑件与凹模 5 发生相对位移，完成二次推出
U 形限制架二次推出	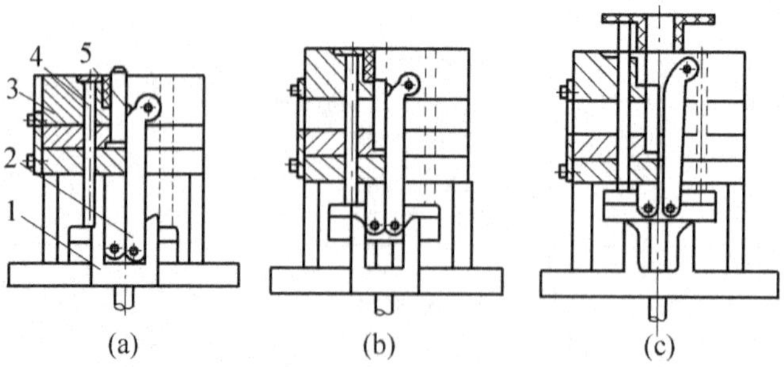	图（a）为开模时塑件尚未推出状态。 图（b）为由于两侧的摆杆 2 在 U 形限制架 1 内滑动，推动型腔 3 上的圆柱销 5，完成一次推出。 图（c）为摆杆脱离 U 形限制架，圆柱销将摆杆分开，型腔停止，二次推杆 1 继续运动，推出塑件

形式	简图	说明
弹簧二次推出	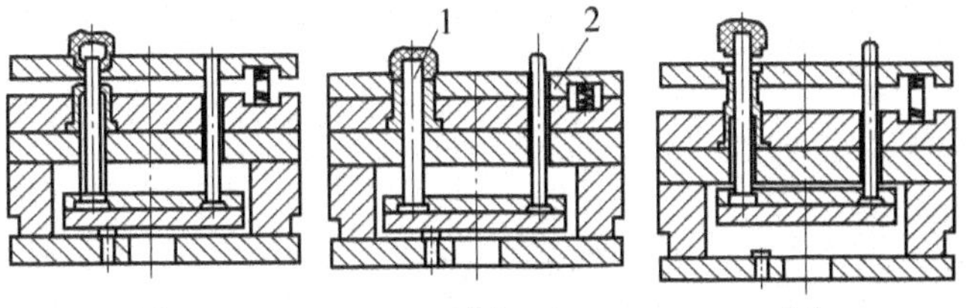 (a) (b) (c)	图（a）为开模时塑件尚未推出状态。 图（b）为开模时弹簧作用于推件板 2，完成一次推出。 图（c）为推杆 1 在机床推杆的作用下完成二次推出
摆杆二次推出	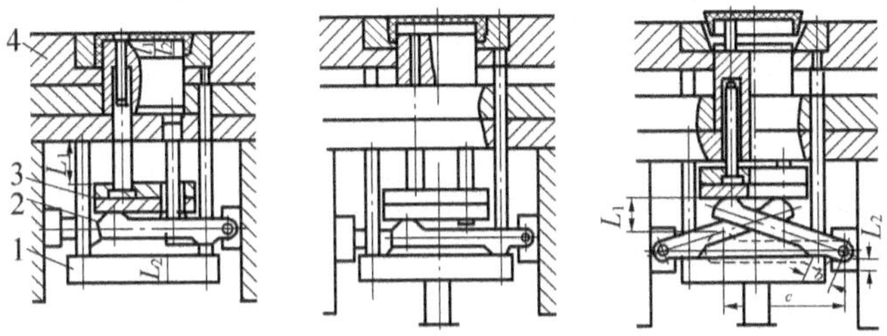 (a) (b) (c)	图（a）为开模时塑件尚未推出状态。 图（b）为机床推杆推动一次推出板 1，推开型腔板 4，完成一次推出。 图（c）为一次推出板与摆杆 2 接触后，推动二次推出板 3，由于摆杆与一次推出板的接触点比与二次推出板的接触点距支点的距离小，故二次推出板的移动距离大于一次推出板，塑件由二次推杆推出型腔，完成二次推出。 摆杆尺寸 b，c 可根据结构允许位置确定，两工作点的 R 要求尺寸一致，并且圆心在同一轴线上 $$L_2=\left(\frac{1}{2}\sim\frac{2}{3}\right)l_1$$ 先除去塑件包紧凸模的力 $$L_2\geqslant\left(\frac{1}{2}\sim\frac{2}{3}\right)l_1+\frac{l_2+5+\left(\frac{1}{3}\sim\frac{1}{2}\right)l_1}{\frac{b}{c}-1}l_2+5$$
摆块拉板二次推出	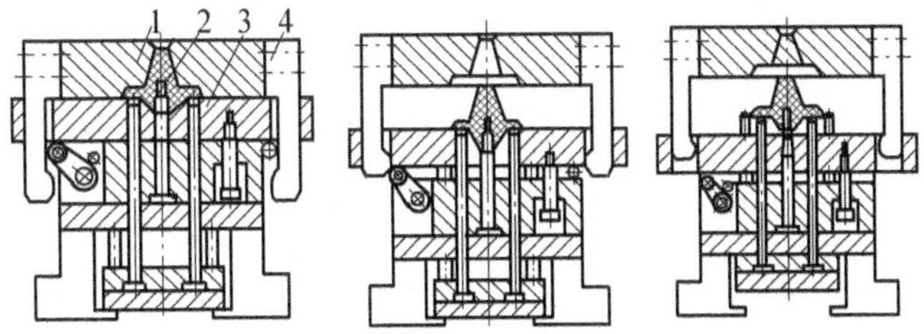 (a) (b) (c)	图（a）为闭模状态。 图（b）为开模到一定距离，拉板 4 接触摆块 1，推动推件板 3，完成一次推出。 图（c）为继续开模，推杆 2 推出塑件，完成二次推出

形式	简　图	说　明
斜导柱滑块二次推出	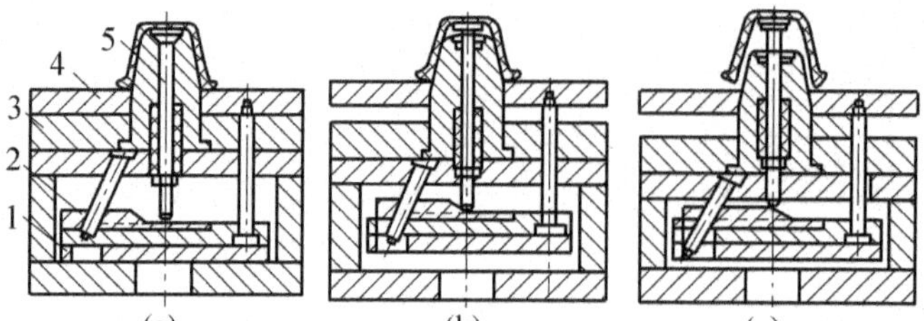 (a) (b) (c)	图（a）为开模时塑件尚未推出状态。 图（b）为机床推杆推动推板 1，使推件板 4 和推杆 5 同时动作，完成一次推出。 图（c）为滑块 2 在斜销 3 作用下移动，使推杆 5 的移动距离大于推件板 4，完成二次推出
斜推板滑块二次推出	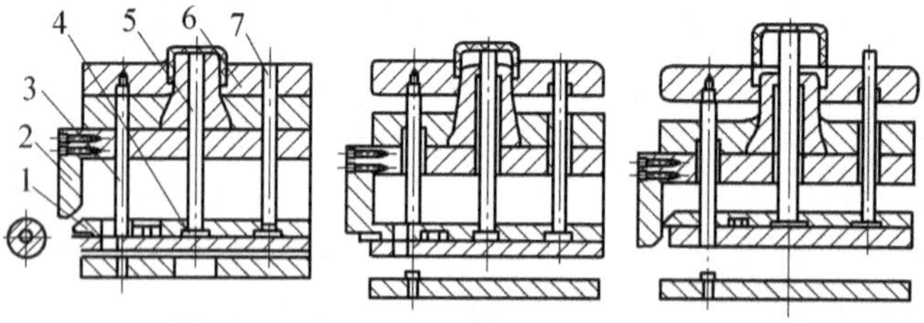 (a) (b) (c)	图（a）为开模时塑件尚未推出状态。 图（b）为机床推杆推动推板 4，使推件板 6 和推杆 5 完成一次推出。 图（c）为滑块 1 在斜推板 2 作用下向内移动，使一次推杆 3 落于滑块和推板的孔中，推件板 6 停止，推杆 5 继续移动，完成二次推出。由复位杆 7 复位

5. 双推杆机构

在设计模具时一般都是使塑件留在动模上，即机床有顶出装置一面。但有些塑件的几何形状特殊，不能肯定留在哪一面时，因此必须考虑在定模上（见表 3-10）。

表 3-10　双推杆机构形式

简　图	说　明
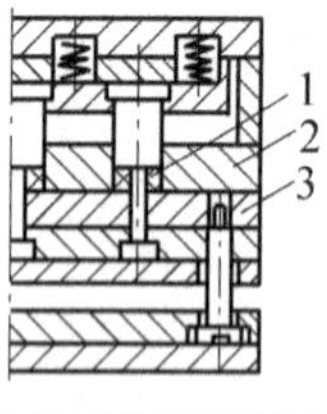	1. 利用弹簧的弹力使塑件首先从定模型腔 2 内脱出，留于动模型芯 1。 2. 动模推件板 3 推出塑件
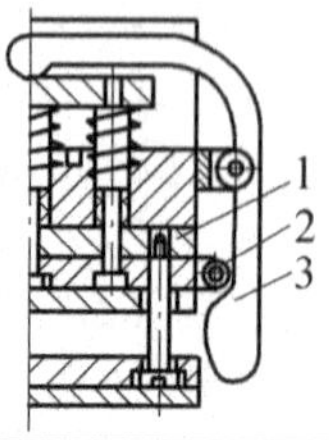	1. 开模时，动模滚轮 2 压迫杠杆 3，使定模推出机构动作，迫使塑件留动模。 2. 动模推件板 1 推出塑件

简　　图	说　　明
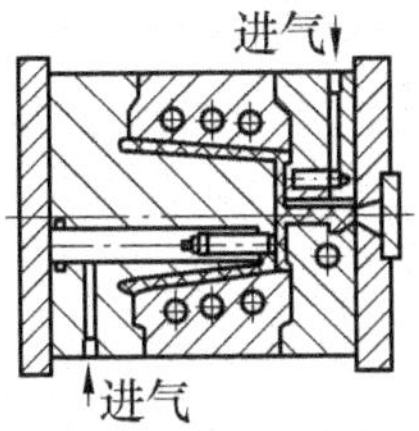	1. 气动双推出机构，动、定模均有进气口和电磁阀。开模时，定模电磁阀首先动作，使塑件脱离定模面留于动模型芯。 2. 开模终止时，动模电磁阀开启，吹落塑件

6. 辅助脱模机构

辅助脱模机构（定距分型拉紧机构）主要是为了满足某些塑件的推出要求，如为了确保塑件留于动模，为了取出点浇口的浇注系统凝料，以及定模部分同时设置斜销和滑块时设计的定距分型拉紧机构。辅助脱模机构常用的定距方式见表 3－11，定距分型拉紧机构见表 3－12。

表 3－11　辅助脱模机构常用的定距方式

方式	简　　图	说　　明
模内定距	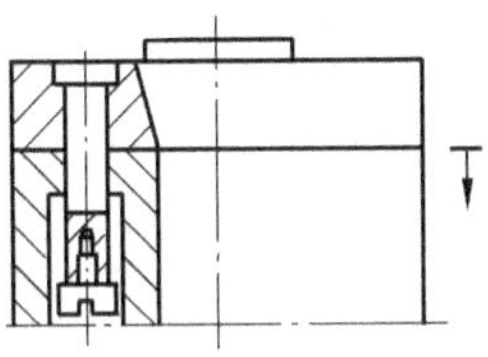 (a) 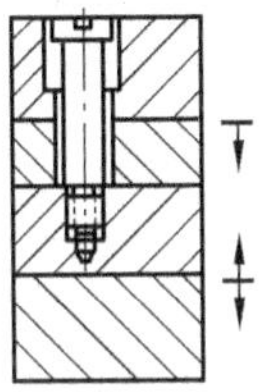 (b) 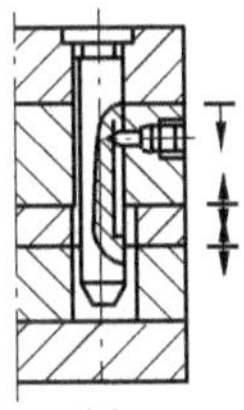 (c) 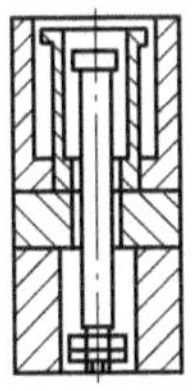 (d)	图（a）模内螺钉、定距杆定距。 图（b）模内定距螺钉定距。 图（c）模内螺钉、导柱定距。适用于中小型模具。 图（d）模内套筒、螺栓定距。适用于定距较长的模具
模外定距	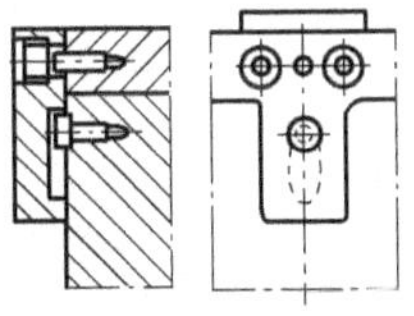 (a) 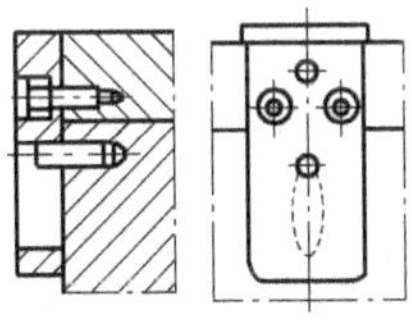 (b) 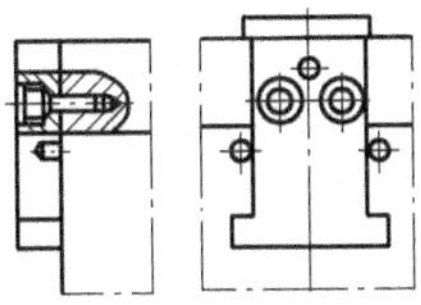 (c) 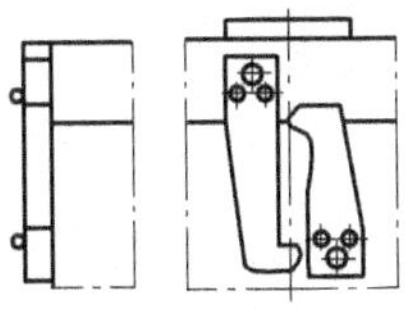 (d)	图（a）模外螺钉、导向定距板定距。 图（b）模外销钉、导向定距板定距。 图（c）模外销钉、定位板定距。 图（d）模外拉钩定距。定距元件设在模外，便于调整和装拆

表 3－12　定距分型拉紧机构形式

形式	简　图	说　明
弹簧螺钉式	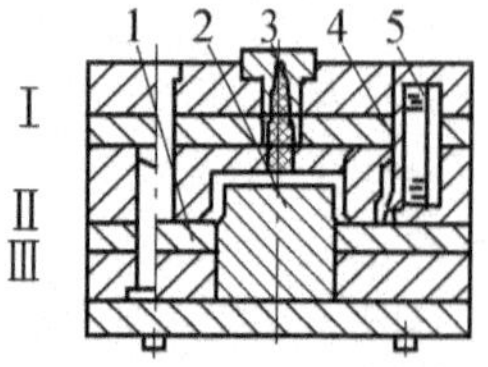	1. 为取出点浇口浇注系统凝料，开模时模具在弹簧 5 的作用下，分型面Ⅰ打开，凝料脱出浇口套 3。 2. 继续开模，在定距螺钉 4 的作用下分型面Ⅱ打开，点浇口拉断，塑件留于型芯 2。 3. Ⅲ分型，推件板 1 推出塑件
导柱式	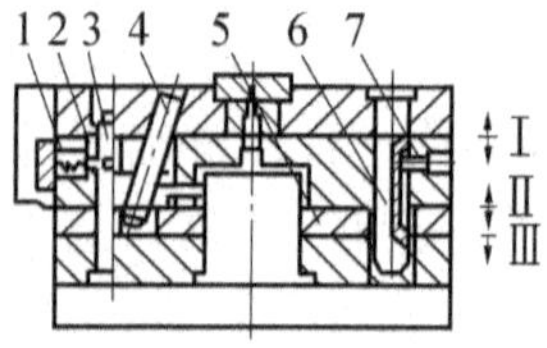	1. 斜销、滑块同时设在定模时，为了顺利地推出塑件，开模时定位钉 2 在弹簧 1 的作用下，紧压导柱 3 的半圆槽，型腔板 4 随动模移动，Ⅰ分型并进行侧抽芯。 2. 抽芯完毕，定距钉 7 与导柱拉杆 5 的凹槽相撞，此时的开模力大于弹簧压紧力，迫使定位钉离开导柱凹槽，Ⅱ分型。 3. 继续开模，Ⅲ分型，推件板 5 推出塑件
搭扣式	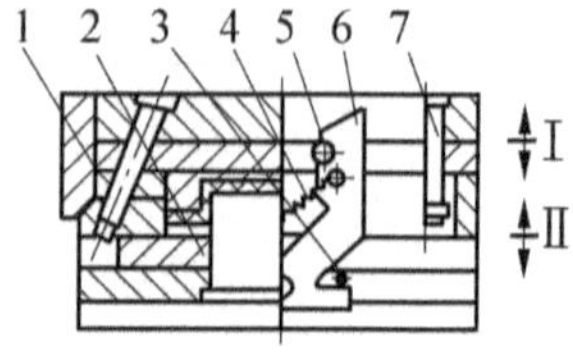	1. 开模时搭扣 6 拉住定模 1，Ⅰ分型，并进行侧抽芯。 2. 抽芯完毕，拉杆 7 拉住定模，但由于开模力超过弹簧 4 的拉力，使搭扣与定模凸销 5 强行分开，Ⅱ分型。 3. 继续开模，推件板 2 推出塑件，定位销 3 限制搭扣的摆动位置
暗销导柱式	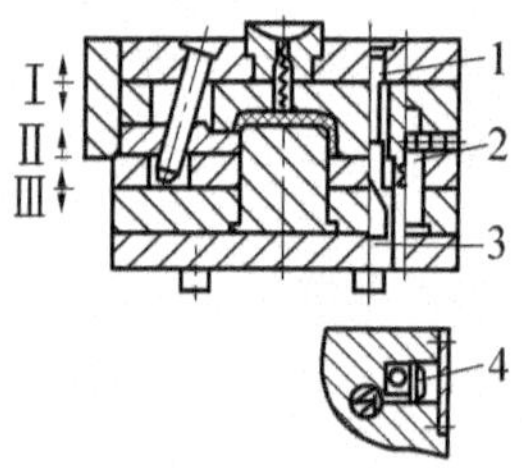	1. 开模后，Ⅰ分型，此时由于 L 形暗销 4 箍住动模导柱 2，动模不分开。 2. 当Ⅰ分型接近终止时，由于定模导柱 1 的 30°斜面作用，将 L 型暗销向外推移，开启与动模导柱的销卡部分，在定距螺钉 3 的作用下Ⅲ分型。 3. 动模移动一定距离后，在注射机推杆作用下Ⅲ分开，推出塑件
摆钩式	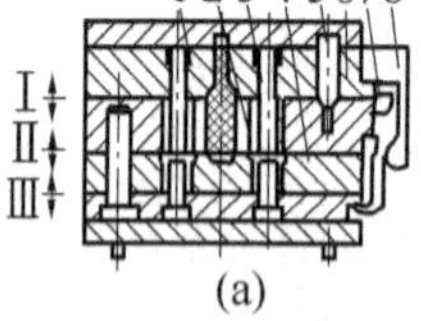(a) 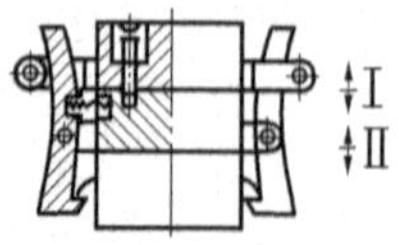(b) 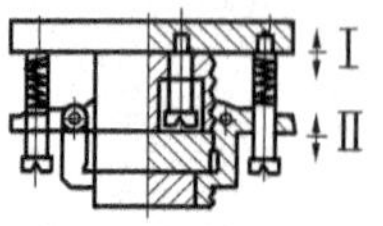(c)	图（a）为开模后，在摆钩 7 和弹簧 6 作用下，分型面Ⅰ打开，定模型芯 3 脱出塑件。继续开模，摆钩在压块 8 作用下脱钩，定模型腔板 1 随定距螺钉 5 移动，分型面Ⅱ打开，塑件留于动模型腔板 4。推杆推动动模型腔板，分型面Ⅲ打开，塑件由动模型腔板带出，脱开动模型芯。 图（b）、图（c）动作原理与图（a）相同

续表 3-12

形式	简　图	说　明
滑板式	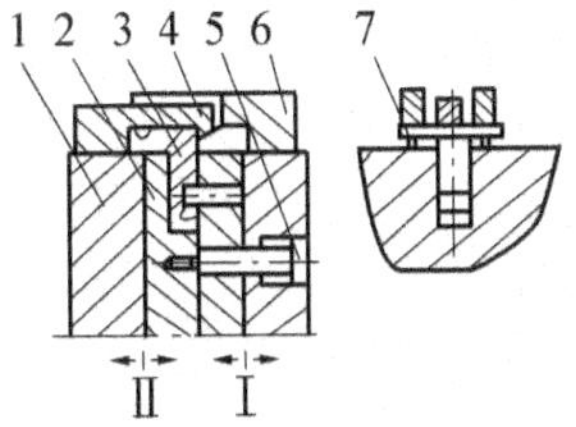	1. 固定于动模板 1 上的拉钩 4 紧钩能在定模 2 内滑动的滑板 3，开模时拉钩带动定模，Ⅰ分型。 2. 滑板在压块 6 斜面作用下，向模内滑移而脱钩，模具在定距螺钉 5 作用下，Ⅱ分型，推出机构推出塑件。 3. 合模埋，Ⅱ先闭，滑板脱离压块，在弹簧 7 作用下复位

7. 其他推出机构

由于螺纹塑件的形状有特殊要求，故设计脱出机构时，首先要求螺纹塑件本身具有止转措施。必要时，模具也应有相应的防转机构，以免塑件随螺纹型芯一起转动，失去脱件作用。塑件的止动形式和模具的相应结构见表 3-13，螺纹塑件的脱出方式见表 3-14，点浇口、潜伏浇口的自动切断和脱落机构形式见表 3-15。

表 3-13　塑件的止动形式和模具的相应结构

塑　件	模　具	说　明
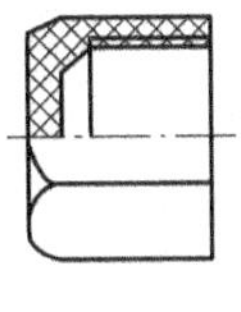	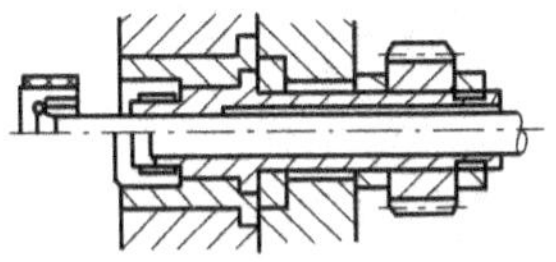	1. 塑件外形（六角）止转，螺纹型芯和型腔均设在动模。 2. 螺纹型芯旋转，型腔内形（塑件外形）止转，螺纹型芯脱出，模具不需设相应的止转机构
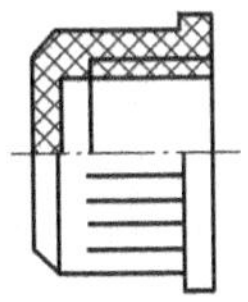	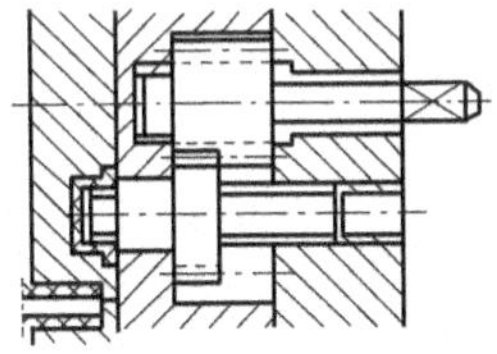	1. 塑件外形止转，螺纹型芯设动模，型腔设定模。 2. 开模时，弹簧（止转机构）迫使型腔不与塑件分开，则型芯旋转，型腔止转；螺纹型芯脱出时，型腔分开，塑件脱落
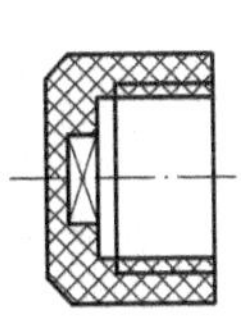	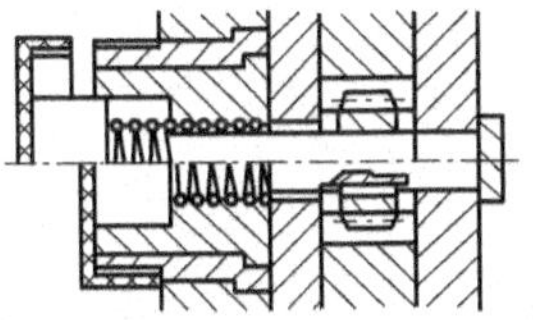	1. 塑件内部止转，螺纹型芯设动模，型腔设定模。 2. 螺纹型芯采用镶拼结构，开模时，成型镶件（推杆）转动，并在镶套内螺纹作用下向前运动，塑件脱出螺纹型芯
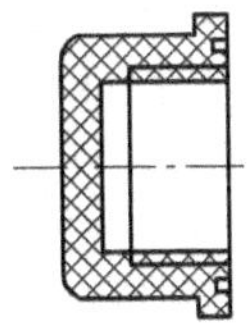	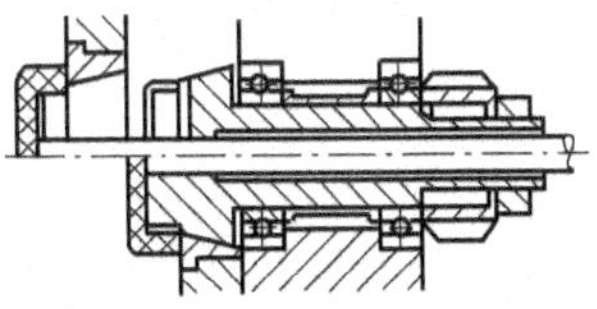	1. 塑件端面止转，螺纹型芯设动模，型腔设定模。 2. 开模时，螺纹型芯转动，因顶板中的镶件端面嵌入塑件端面凹槽，使塑件不随型芯转动，从而脱出螺纹型芯，塑件由推件板和推杆推出

表 3-14　螺纹塑件的脱出方式

简　　图	说　　明	简　　图	说　　明
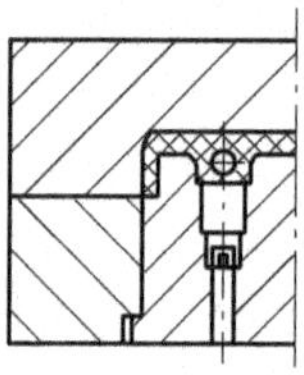	机外手动脱螺纹型芯。开模后螺纹型芯随塑件推出，然后手动旋下。型芯必须有备件，并应考虑预热	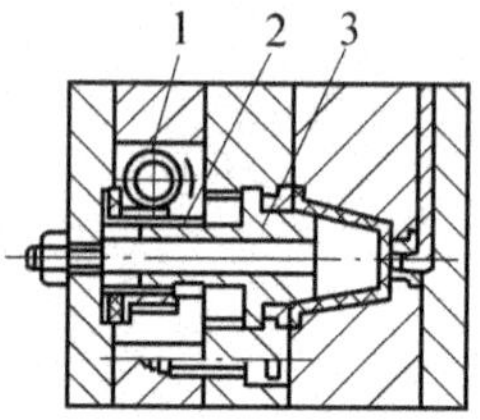	手动蜗轮蜗杆脱螺纹型芯。开模时人工转动蜗杆 1，带动蜗轮 2，使螺纹型芯 3 边转边后退，脱出塑件
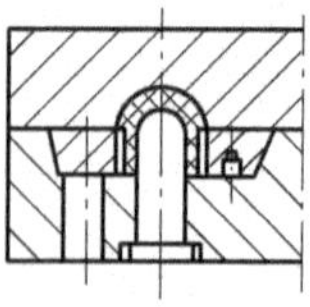	机外手动脱螺纹型环。螺纹型环随塑件推出，然后人工旋下。型环必须有备件，并应考虑预热	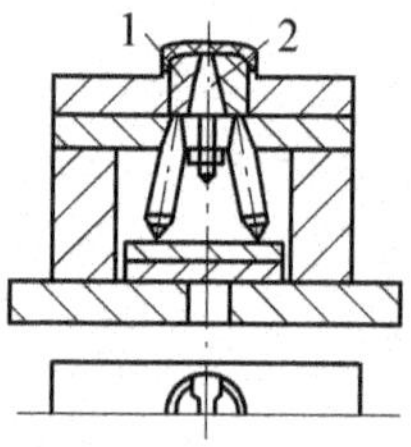	机动斜滑块脱螺纹型芯。开模后推出机构推动斜滑块 1 沿型芯 2 锥面内侧运动，脱出塑件
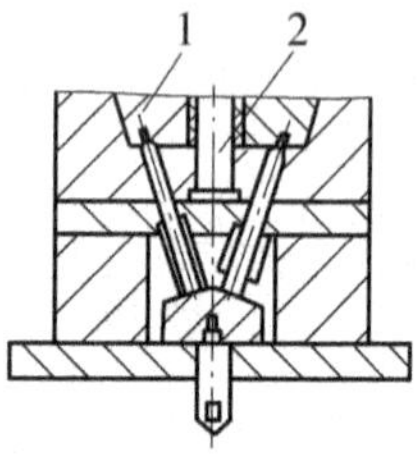	机动斜滑块脱螺纹型环。开模后推出机构推动斜滑块（螺纹型环 1），使之向两侧分开，并带动塑件脱离型芯 2 和拼合螺纹型环	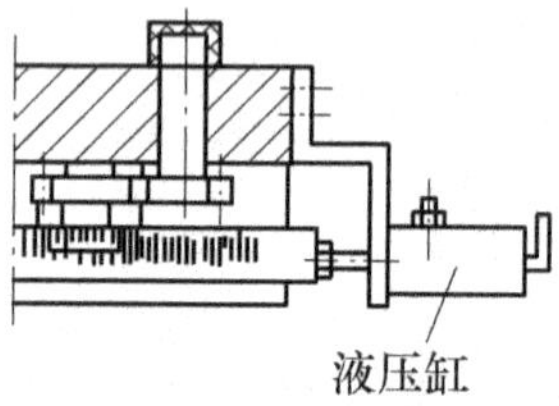	液压齿轮齿条脱螺纹型芯。开模时液压抽芯缸使齿条作往复运动，带动齿轮，使型芯旋转，脱出塑件
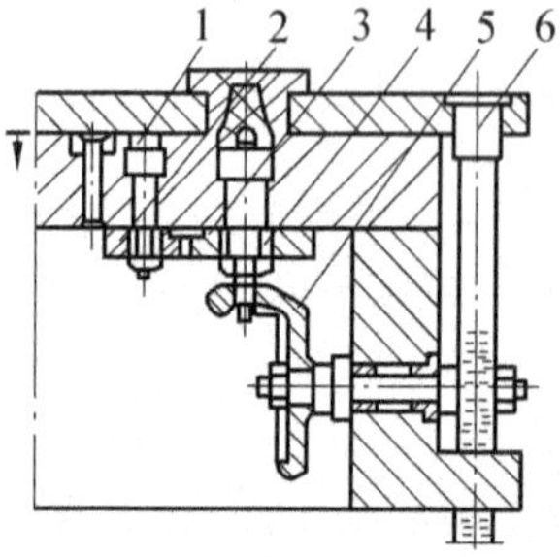	齿轮齿条脱螺纹型芯。开模时齿条 6 带动锥齿轮 5，通过伞齿轮 4 和直齿轮 2，3 使螺纹型芯 1 和螺纹拉斜杆同时脱出	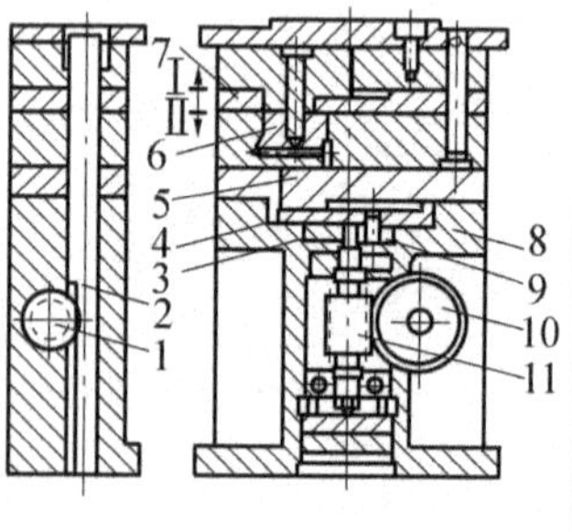	开模时齿条导柱 2 通过齿轮 1，10，11 带动转板 3 旋转，经传动销 9 带动转板 8 转动，再经传动销 4 带动推杆 3 及内螺纹凹模 5 转动，塑件受型腔 7（内六方）的限制不能转动，便自动地沿螺纹轴线方向脱出。设计时应注意各曲杆偏心距相等，全部曲杆偏心方向相同

表 3－15　点浇口、潜伏浇口的自动切断和脱落机构形式

形式	简　图	说　明
侧凹拉断点浇口	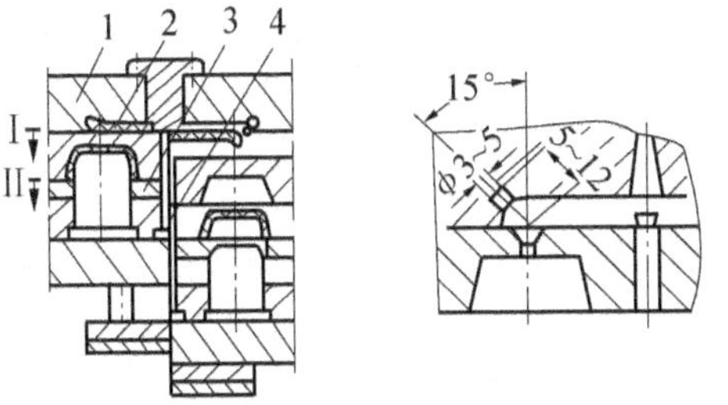 (a)　(b)	图（a）为开模时Ⅰ分型，分流道凝料在定模斜孔（侧凹）作用下首先拉断点浇口，然后在拉料杆 4 作用下整个浇注系统凝料脱开定模板 1，留于定模型板 2 和拉料杆上。继续开模，在定距分型拉紧机构作用下Ⅱ分型，定模型板强行将浇注系统凝料从拉料杆上括下，并自动脱落。推件板 3 推出塑件。 图（b）为侧凹的参考尺寸
脱浇板拉断点浇口	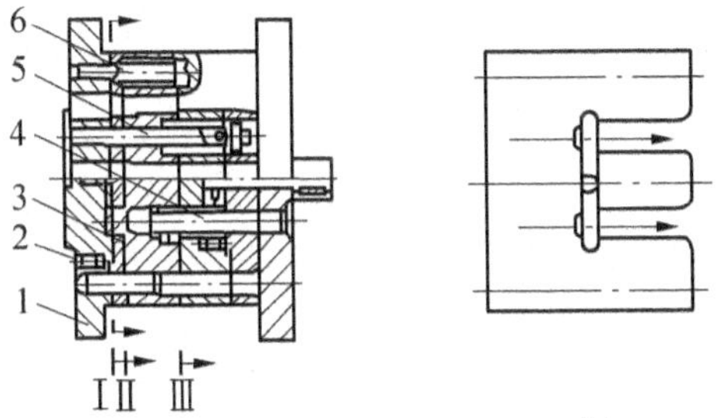 (a)　(b)	图（a）为开模时，在弹簧 2 作用下Ⅰ分型，浇注系统主流道脱离定模板 1。继续开模，定距螺钉 6 带动脱浇板 3，Ⅱ分型，点浇口拉断，浇注系统凝料留于脱浇板。当凝料处于脱浇板和定模板的空间位置时，因自重落下。在限位导柱 5 作用下，Ⅲ分型，塑件留于动模型芯 4，由推出机构推出。 图（b）为脱浇板平面形状
单腔点浇口自动脱落	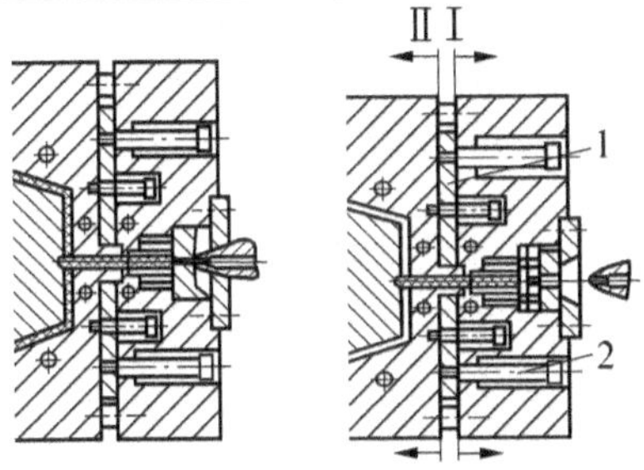 (a)　(b) 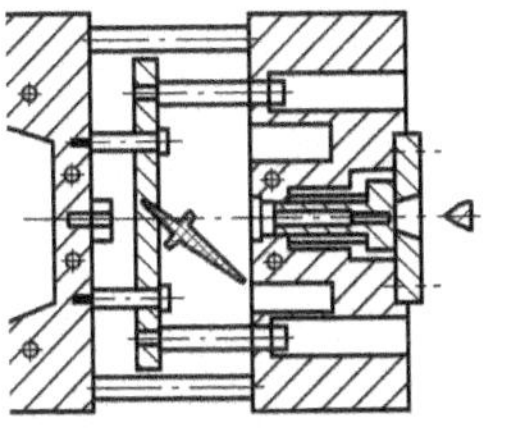 (c)	图（a）为闭模注射状态。 图（b）为成型后喷嘴后退，弹簧顶起浇口套，主流道凝料松动。 图（c）为开模时，Ⅰ分型，浇注系统凝料留于脱浇板 1。在定距螺钉 2 作用下Ⅱ分型，点浇口拉断，浇注系统凝料随脱浇板移动，当处于脱浇板和定模板的空间位置时，因自重落下
多腔点浇口自动脱落	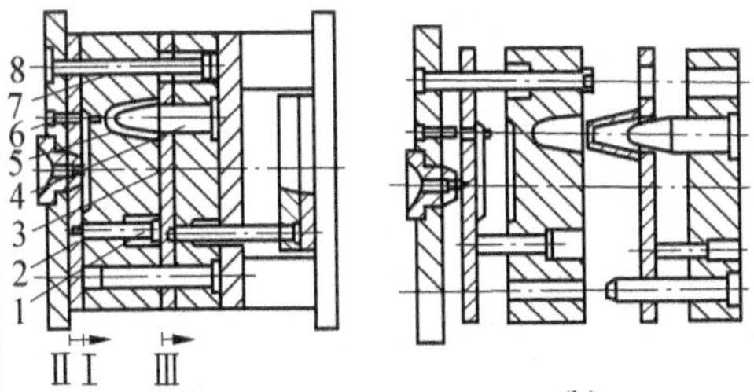 (a)　(b)	图（a）为合模状态。 图（b）为开模时，在弹簧 8 作用下Ⅰ分型，在浇道拉料杆 6 作用下点浇口拉断，浇注系统凝料留于脱浇板 2。继续开模，在定距螺钉 1 作用下Ⅱ分型，浇注系统凝料被脱浇板强行括下，并因自重而从脱浇板与定模型板 5 的空间落下。进一步开模，在限位导柱 7 作用下Ⅲ分型，塑件留于型芯 4，由推件板 3 推出

形式	简图	说明
推杆切断潜伏式浇口	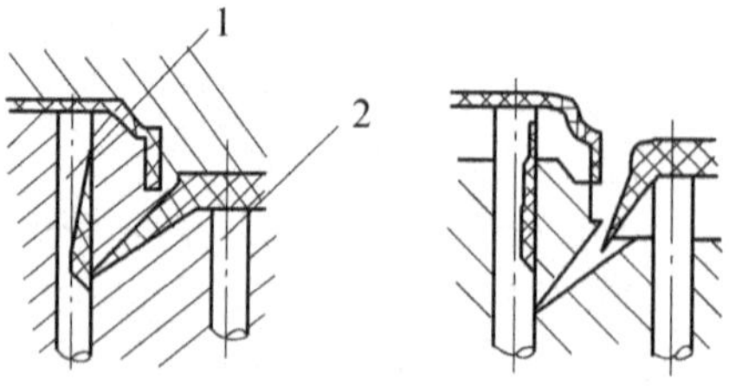 (a)　(b)	图（a）为合模状态。 图（b）为开模时，顶杆 1 在顶出塑件的同时切断浇口，浇注系统凝料由推杆 2 推出

8. 复位机构

采用推杆、推管的推出机构，推出元件的复位通常由复位杆来完成。但当推出元件推出后的位置影响嵌件的安装或推出元件与活动型芯在插芯时两者动作发生干扰的情况下，必须采取先复位机构。常用的先复位机构见表 3－16。

表 3－16　先复位机构

形式	简图	说明
弹簧导销先复位	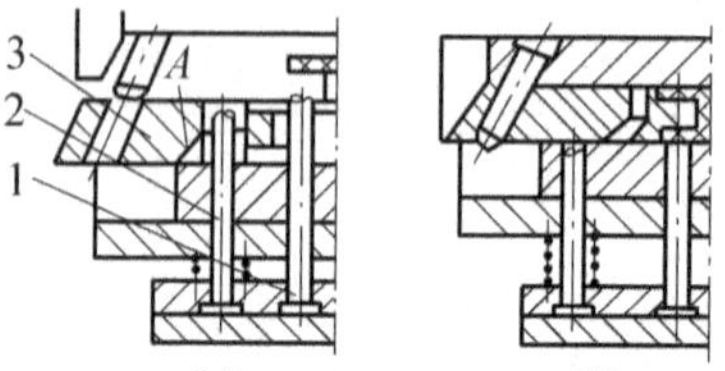 (a)　(b)	图（a）为开模状态，图（b）为合模状态。 合模时，由于弹簧力和滑块 3 斜面 *A* 作用，复位杆 2 和推杆 1 同时复位
三角形滑块先复位	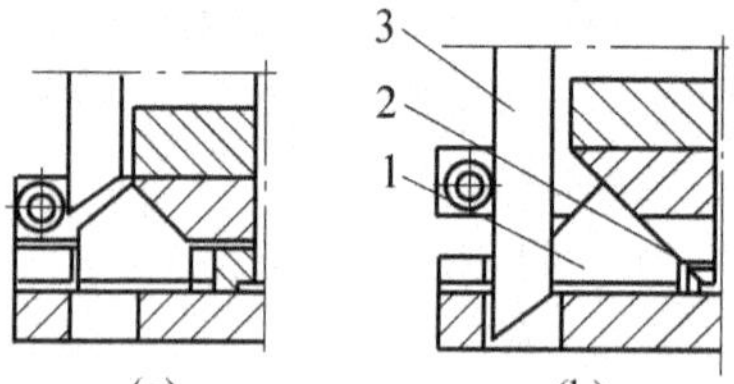 (a)　(b)	图（a）为开模状态，图（b）为合模状态。 合模时，复位杆 3 使楔形滑块 1 向内移动，带动推杆固定板 2 后退复位
摆杆先复位	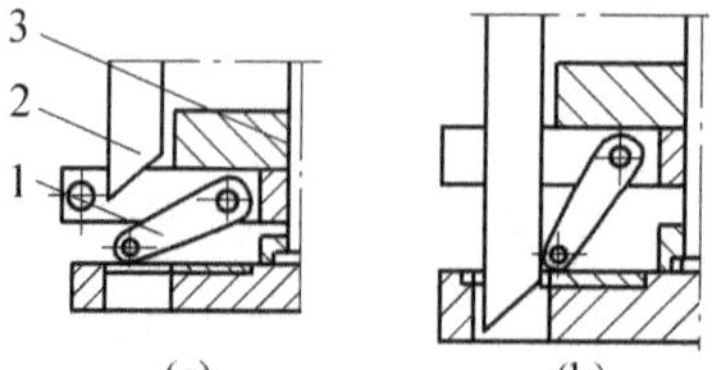 (a)　(b)	图（a）为开模状态，图（b）为合模状态。 合模时，复位杆 2 推动摆杆 1 转动，带动推杆 3 复位
杠杆先复位	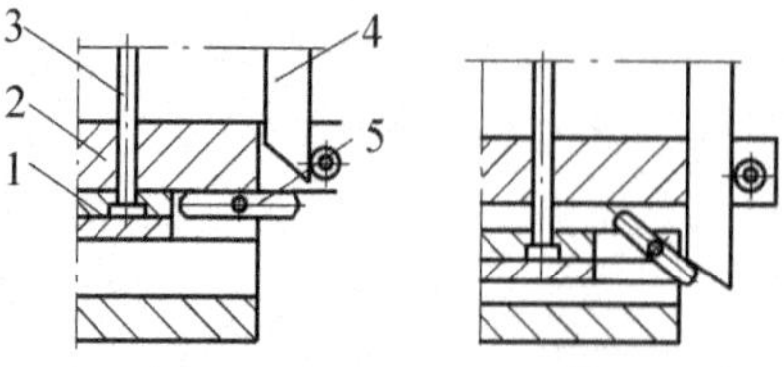 (a)　(b)	图（a）为开模状态，图（b）为合模状态。 合模时，复位杆 4 端部的 45°斜面推动杠杆 5 的外端，杠杆内端顶在模具支承板 2 上，推动推杆固定板 1，使推杆 3 复位

形式	简　　图	说　　明
连杆先复位	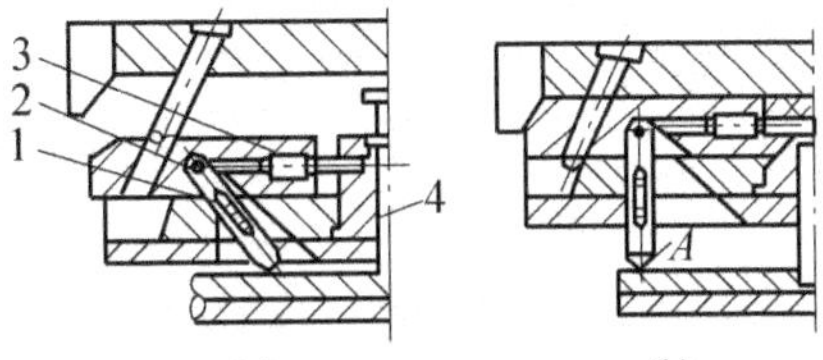 (a)　(b)	图（a）为开模状态，图（b）为合模状态。合模时，由于滑块 3 作用，连杆 2 绕圆柱销 1 转动，连杆 *A* 端迫使推杆 4 复位
弹簧先复位	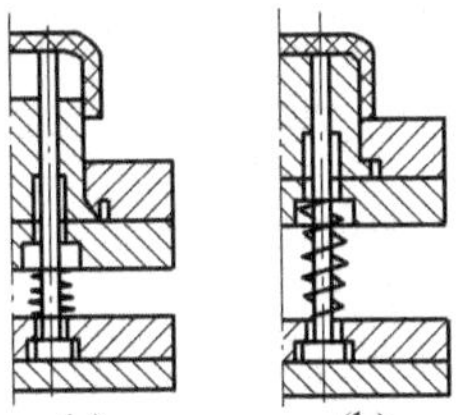 (a)　(b)	图（a）为开模状态，图（b）为合模状态。开模时，弹簧受压；合模时，推杆借弹簧的弹力复位。结构简单，但弹簧容易失效

任务五　模具拆装

1. 模具拆装实训的内容和步骤

（1）对模具结构的观察分析

接到具体要拆装的模具后，需进行仔细观察分析，并做好笔记。

①模具类型分析。

②工序与制件的分析。

③模具的工作原理。对于塑料模，要求分析其浇注系统类型、分型面及分型方式、顶出机构类型等。

④模具的零部件。分析并记录模具各零件的名称、功用、相互间装配关系。

（2）拟定模具拆卸顺序及方法

按拆装顺序将模具拆为几个部件，再将其分解为单个零件深入了解。

①拆卸模具之前，应先分清可拆卸件和不可拆卸件，针对各种模具须具体分析其结构特点，制定模具拆卸顺序及方案。

②一般的塑料模，先将动模和定模分开，分别将动、定模的紧固螺钉拧松，再打出销钉，用拆卸工具将各模具各主要板块拆下。然后从定模板上拆下浇注系统，从动模板上拆下推出机构，分解推出机构各零件，从固定板中压出型芯等零件。有侧面分型机构时，拆下侧面分型机构各零件，如有电热系统则不拆卸。

③拆卸模具。

a. 按所拟拆卸顺序进行模具拆卸。要求分析拆卸连接件的受力情况，对所拆下的每一个零件进行观察、测量并做记录。记录拆下零件的位置，按一定顺序摆放好，避免在组装时出现错误或漏装零件。

b. 测绘主要零件。对从塑料模具中拆下的型腔、型芯等主要零部件进行测绘。要求测量基本尺寸，并按设计尺寸确定公差。

c. 拆卸注意事项。准确使用拆卸工具和测量工具，拆卸配合时要分别采用拍打、压出等不同方法对待不同的配合关系的零件。注意保护模具，使其受力平衡，切不可盲目用力敲打，严禁用铁榔头直接敲打模具零件。不可拆卸的零件和不宜拆卸的零件不要拆卸。拆卸过程中特别要注意操作安全，避免损坏模具各器械。拆卸遇到困难时应分析原因，并请教指导教师，遵守课堂纪律，服从教师的安排。

（3）拟定模具装配顺序及方法

把已拆卸的模具零件清洗后，按先拆的零件后装、后拆的零件先装为一般原则制定装配顺序。

①按顺序装配模具。按拟定的顺序将全部模具零件装回原来位置。注意正反方向，防止漏装，其他注意事项与拆卸模具相同。遇到零件受损不能进行装配时，应在老师的指导下学习用工具修复受损零件后再装配。

②装配后检查。观察装配后模具是否与拆卸前一致，检查是否有错装和漏装等现象。

③绘制模具总装草图。绘制模具草图时在图上记录有关尺寸。

项目三　模具拆装实例

任务一　注塑模的拆卸过程

注塑模的拆卸过程见表3-17，注塑模见图3-10，注塑模分解图如图3-11所示。

图3-10　注塑模

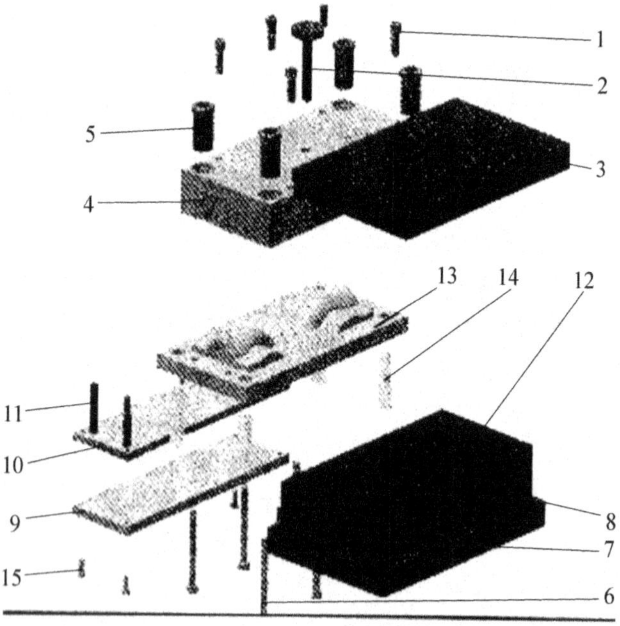

图3-11　注塑模分解图

1，6，15—螺钉；2—浇口套；3—定模固定板；4—定模型板；5—导套；7—动模固定板；8—支承板；9—顶杆垫板；10—顶管固定板；11—复位杆；12—垫板；13—动模型板；14—导柱

表 3－17　注塑模的拆卸过程

序号	结构形式	拆卸说明
1		当模具较小时，可利用拆卸工具在钳台上将动、定模分开；当模具较大时，用注射机或起吊设备将动、定模两部分分开，并用专用运载工具将动、定模放到工作台上
2	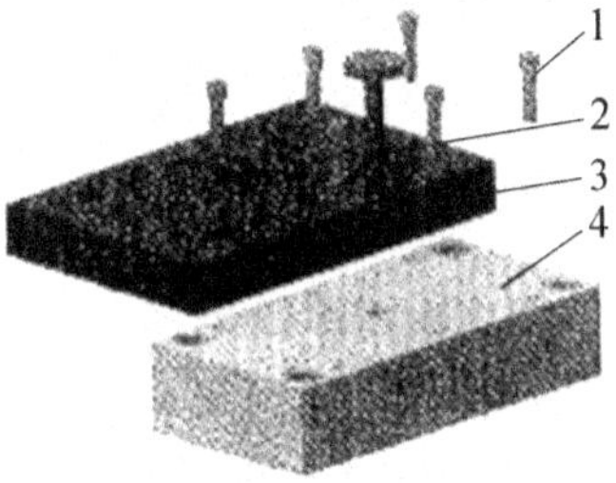	拆定模部分： 拆开螺钉 1 后，将浇口套 2、定模固定板 3、定模型板 4 分开
3		将导套 5 从定模型板 4 中拆开
4	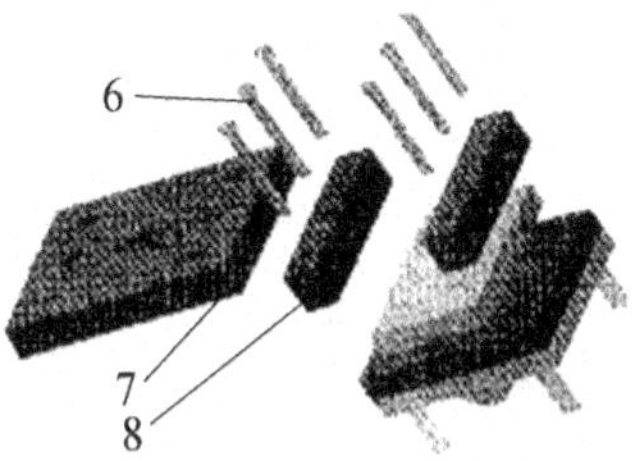	拆动模部分： 拆开螺钉 6，将动模固定板 7、支承板 8 从动模部分分开
5	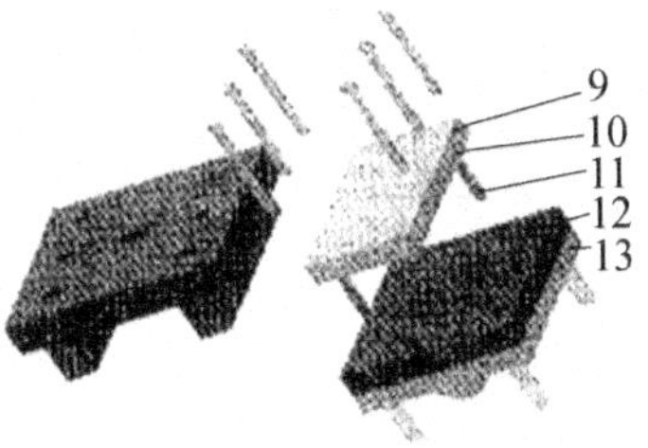	将顶杆垫板 9、顶杆固定板 10、复位杆组合部件 11 从动模部分分开

续表 3-17

序号	结构形式	拆卸说明
6	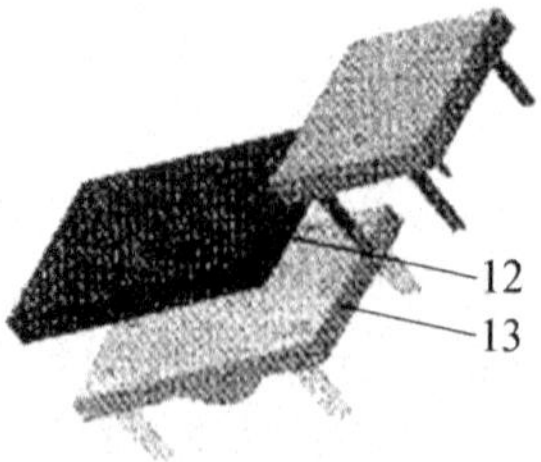	将垫板 12、动模型板 13 分开
7	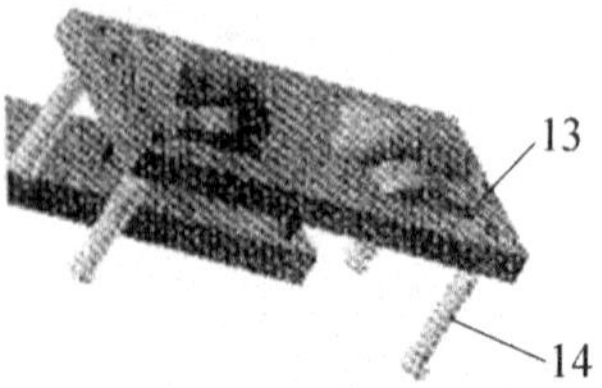	将导柱 14 从动模型板 13 中分开
8	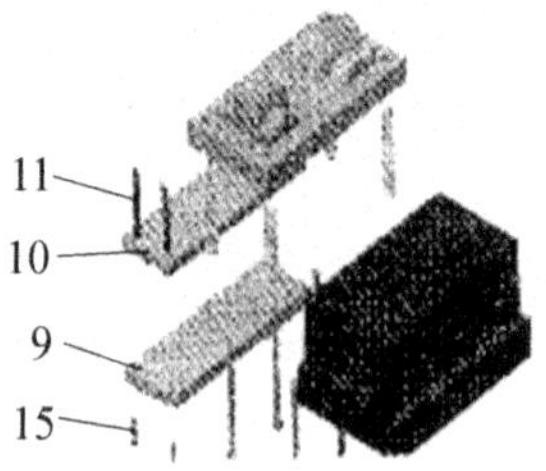	拆开螺钉 15，将顶杆垫板 9、顶杆固定板 10、复位杆 11 分开

任务二　塑料模具的装配

1. 型芯与型芯固定板型的装配

型芯与型芯固定板型孔采用过渡配合。装配前应检查型芯与孔的配合是否太紧。若过紧，压入型芯时会使固定板产生变形，影响装配精度，所以应修正固定板的孔或型芯安装部分的尺寸。为便于压入，应在型芯端部或固定板孔的入口处四周修出 10′～20′的斜度（见图 3-12）。型芯压入前表面涂润滑油，定板放在等高垫块上。型芯端部放入固定板孔时，应校正垂直度，然后缓慢、平稳压入到一半左右再校正垂直度。型芯全部压入后还要测量其垂直度，最后磨平尾部。

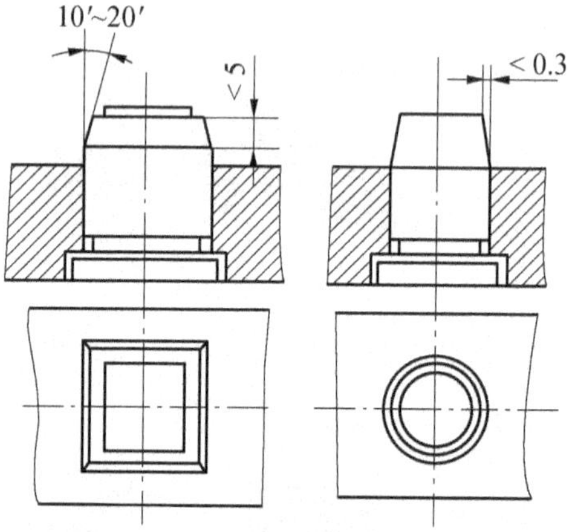

图 3-12　型芯与固定板的装配

2. 型腔与型腔固定板的装配

单件圆形整体型腔与固定板装配（见图 3-13）的关键是型腔角向位位置的调整及最终定位。采用的方法是，在型胶压入固定板一小部分时，用百分表校正型腔工作面的平直部分，位置要求不高的，可先在型腔端部、固定板上下平面上划出正线，型腔小、形状不规则的则用光学显微镜测量。如位置有偏差，用管钳等工具将其夹住转至正确位置，再缓慢、平稳地压入固定板，然后以型腔上的销孔导向，配钻、铰固定板上的防转销孔，并装上防转销。

同一块固定板上需装配两个以上型腔，且动、定模板之间有精确相对位置要求的（见图 3－14），装配应按以下步骤进行：将上模镶块 1 装入定模板 7；以镶块 1 上的两个孔为基准，将推板 4 以工艺销钉导向与镶块 1 相连并定位；再将两个型腔镶块 3 套装到推板 4 上，测量型腔镶块 3 外形的实际位置尺寸，以此尺寸加工或修正固定板 6 上型腔装配孔的位置。待型腔压入固定板 6，再放入推板 4 后，以推板 4 的孔导向，配钻、铰小型芯 2 的固定板 5 上的孔。

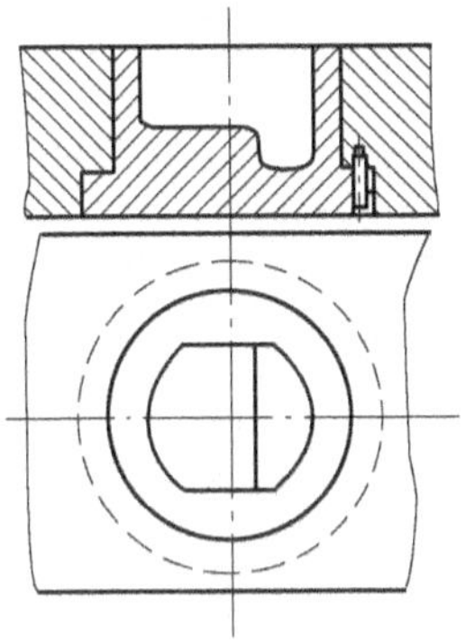

图 3－13　单件圆形整体型腔的装配

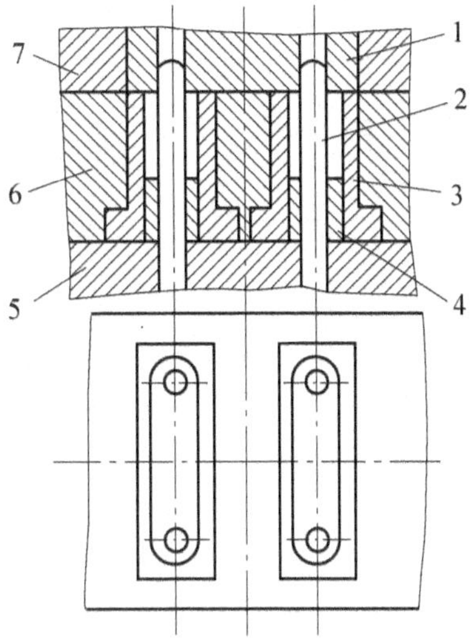

图 3－14　多件整体型腔的装配

1—上模镶块；2—钻、铰小型芯；3—型腔镶块；4—推板；5，6—固定板；7—定模板

3. 导柱、导套安装孔的加工与导柱、导套的装配

导柱、导套分别安装于型腔固定板与定模板上，是合模时的导向装置。因此，固定板、定模板上的导柱、导套安装孔的相对位置尺寸误差不应大于 0.01 mm。工艺上一般是将固定板、定模板与其一对垂直的侧面或工艺定位销定位，在坐标镗床或精度高的车床、铣床上配钻、配镗（或铰）加工得到的。

对于需淬硬的模板，因在热处理前已加工了导柱、导套安装孔，热处理会引起孔形和孔的位置尺寸变化，而不能满足配合导向的要求。因此热处理前加工的孔应留磨削余量，以便模板淬硬后在坐标镗床上镗孔，或将模板叠合在一起（以型腔为基准找正）在内圆磨床上磨孔。最好是在热处理前将一模板上的导套安装孔孔径扩大，热处理后压入软套，将两块模板叠合在一起，以另一模板上的导柱安装孔找正或导向，配镗导套孔。

由于模具结构和装配方法不同，所以导柱、导套安装孔的加工安排有下述两种情况。

（1）在模板的型腔、型芯安装孔未加工前加工导柱、导套安装孔。适合于：模板上型腔、型芯安装孔的形状一致（例如均匀圆孔），可借助导柱、导套定位将各模板叠合在一起配钻（铰）加工；形状不规则的立体型腔，装配合模时很难找正位置，以导柱、导套定位容易加工出正确要求的模具；有侧面抽芯滑块机构的模具，因装配时修配面较多，先加工、装配好导柱、导套作为找正定位基准，其他的有关零件修配时容易找正。

（2）在模板的型腔、型芯安装孔加工后加工导柱、导套安装孔。主要适合于在合模时，动、定模板之间有较严格的相对位置或配合要求的模具，如图 3－15 所示。要求小型芯需插入定模镶块孔中的结构即为一例（见图 3－16）。

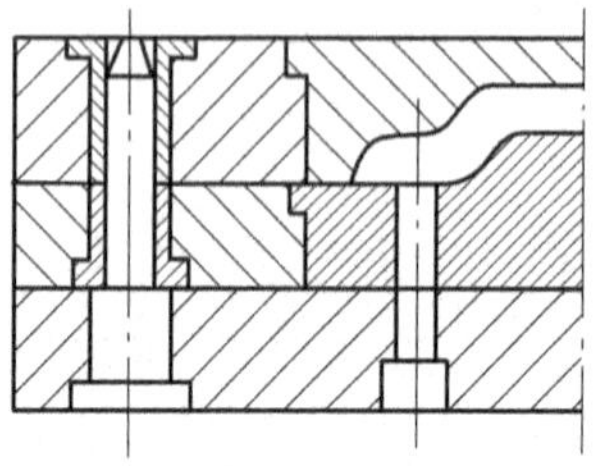

图 3－15　相对位置找正有困难的模具

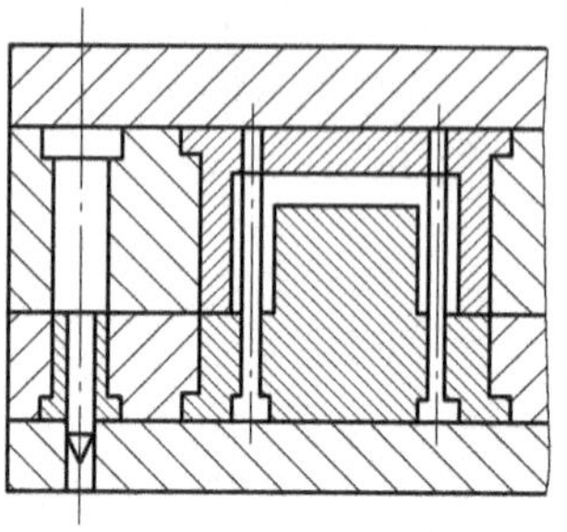

图 3－16　动、定模间有配合要求的结构

4. 推杆、复位杆、拉料杆的装配

推杆固定板的导向形式较多，但加工和装配方法基本相同，现以用小导柱作导向的推杆固定板结构为例（见图 3－17）加以叙述。将推杆固定板 6、推杆垫板 7 以小导柱 12 导向上移，与垫板 3 接触，用平行夹将型腔固定板 2、垫板 3 和推杆固定板 6、推杆垫板 7 一起夹紧，然后以型腔 1 上的推杆孔引导配钻、铰推杆固定板 6 的推杆安装孔，以型腔固定板 2 上的孔引导配钻、铰复位杆、拉料杆安装孔。

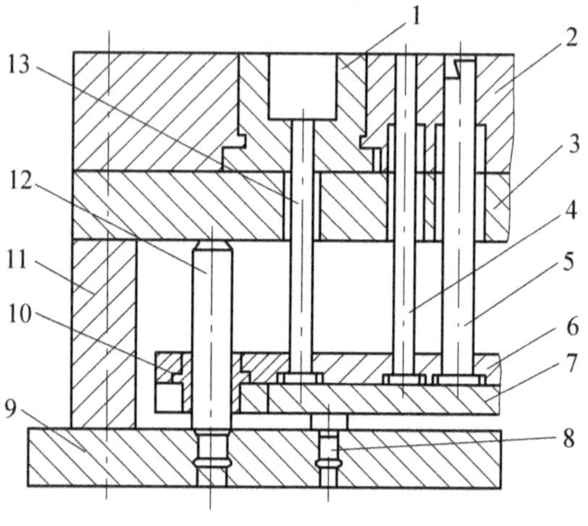

图 3－17　推杆、复位杆、拉料杆的装配

1—型腔；2—型腔固定板；3—垫板；4—复位杆；5—拉料杆；6—推杆固定板；7—推杆垫板；8—支承板；9—动模板；10—导套；11—模脚；12—小导柱；13—推杆

将已组装连接的零件拆开，在推杆固定板 6 上装配推杆、复位杆、拉料杆，再将这部分装配起来。

推杆固定板 6、推杆垫板 7 上的导套 10 的安装孔和动模板 9 上的小导柱 12 的安装孔也是通过配钻、镗（或铰）加工的。

5. 滑块抽芯机构的装配

滑块抽芯机构的装配步骤如下。

（1）将型腔压入型腔固定板，修磨上、下两平面达到设计要求的尺寸。滑块的位置是以型腔的型面为基准的，所以装配滑块之前应先将型腔 1 装入型腔固定板 2（见图 3－18），修磨上、下平面，保证尺寸 *A*。

（2）将型腔压出精修滑块槽底面，以修磨好的 M 面为基准，根据滑块的实际尺寸磨或精铣滑块槽底 N。

（3）按滑块台肩的实际尺寸，精铣型腔固定板 2 上的 T 形槽，并由钳工修正到要求尺寸。

（4）测定型孔位置及配制侧型芯安装孔。固定于滑块上的侧面型芯要穿过型腔上的型孔进入型腔，为保证侧型芯与型腔上的孔正确配合，需根据型孔配制滑块上的侧型芯安装孔。将型腔 1 压入型腔固定板 2，实测型孔位置尺寸 a、b，按此尺寸钻、镗（或铰）滑块上的侧型芯安装孔（见图 3－19）。

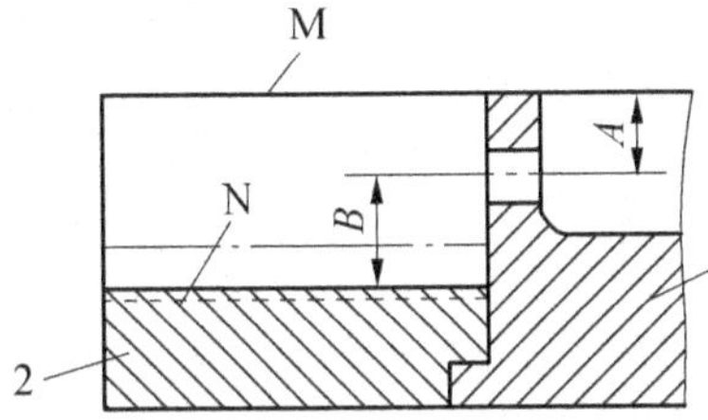

图 3－18　以型腔的型面为基准确定滑块磨底面

1 一型腔；2—型腔固定板

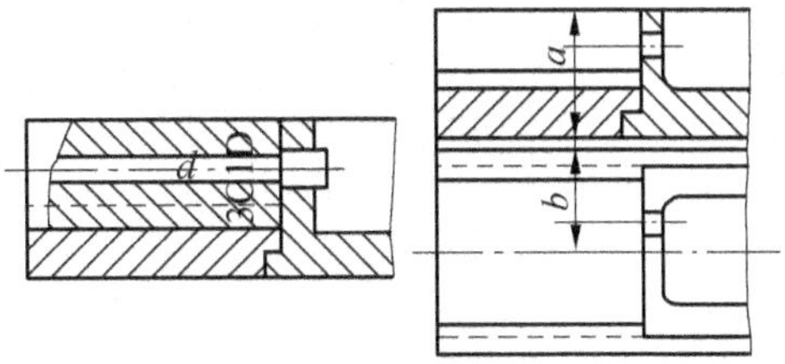

图 3－19　配制侧型芯安装孔

（5）侧型芯在滑块上的装配和端面磨平（见图 3－20）。将未装侧型芯 5 的滑块 2 装入型腔固定板 3 的滑块槽，使滑块 2 左端面与型腔 4 的 A 面接触，实测出尺寸 c；取下滑块2，装上侧型芯5，再装入滑块槽，使侧型芯 5 与定模型芯 6 接触，实测出尺寸 d；根据定模型芯接触处的形状，修磨侧型芯顶端面，修磨量 $c-d=(0.05\sim0.1)$ mm，其中 0.05～0.1 mm 为滑块 2 左端面与型腔 4 的 A 面之间应留的间隙。

侧型芯修磨正确后，与滑块配钻、铰销钉孔，装上销钉固定。

（6）压紧楔块的装配（见图 3－21）。用螺钉紧固压紧楔块，修磨滑块的斜面，修磨时涂红丹粉检查压紧楔块与滑块斜面的接触情况，修磨量多少的控制，是以合模时压紧楔块与滑块斜面接触，分型面留有 0.2 mm 的间隙为准；配钻、铰销钉孔，装入销钉；最后将压紧楔块顶面与模板一起磨平。

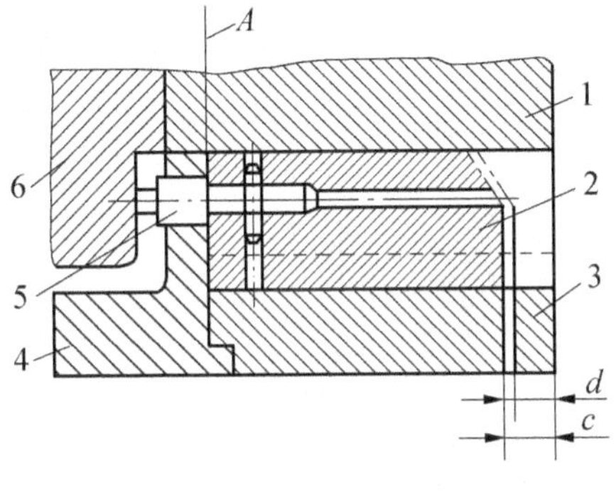

图 3－20　侧型芯在滑块上的装配和端面磨平

1—固定板；2—滑块；3—型腔固定板；

4—型腔；5—侧型芯；6—定模型芯

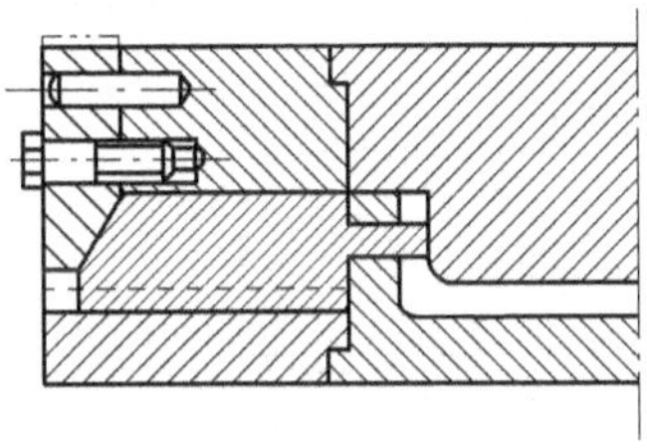
图 3－21　压紧楔块的装配

（7）镗斜导柱孔。将滑块、型腔固定板、定模板组装好，压紧楔块锁紧滑块，在分型面垫厚度为 0.2 mm 的金属垫片后，用平行夹夹紧，在坐标镗床或精度较高的立式铣床上配钻，镗斜导柱孔。

任务三　塑料模具总装实例

从前面对塑料模组件和部件装配的叙述可知，塑料模的装配不是简单地将加工好的零件进行组合和连接，装配过程中有零件的组装、调整、配作加工、拆卸、再组装等一系列工作，装配完成后还有试校、修模等工作。一副塑料模具的装配周期一般都比较长。下面以图 3－22 所示塑料注塑模为例，对塑料模总装过程中的主要工作简要地介绍。用图 3－23 所示塑料模具装配系统表示该注塑模的装配工艺过程。

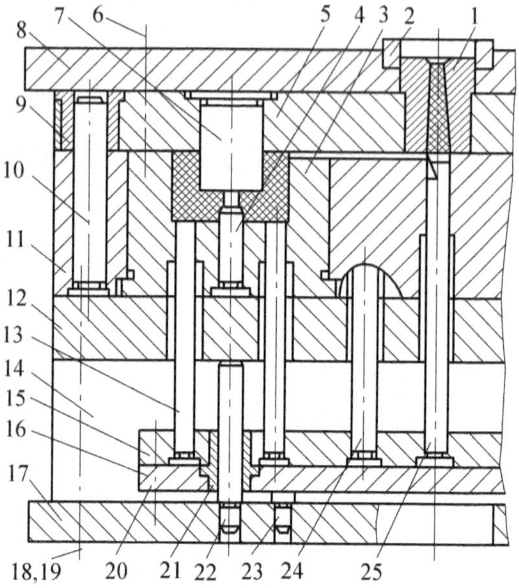

图 3－22　塑料注塑模

1—浇口套；2—定位圈；3—型腔；4，7—型芯；5—定模板；6，18，19，20—螺钉；8—定模底板；9，21—导套；10，22—导柱；11—型腔固定板；12—垫板；13—推杆；14—模脚；15—推杆固定板；16—推杆垫板；17—动模板；23—支承柱；24—复位杆；25—拉料杆

模具的装配基准是动模，动模的装配基准是型腔固定板 11，参照图 3－22，对模具装配过程叙述如下。

（1）定模板 5 与型腔固定板 11 可分别先按划线加工预孔，直径留 2 mm 的余量，然后将两件叠在一起精镗，最后在型腔固定板 11 上压装导柱 10，在定模板 5 上压装导套 9。

（2）以导柱、导套定位，定模板 5 与型腔固定板 11 先分别按划线预加工孔，直径留 2 mm 余量，然后将件 5 和件 11 叠合后夹紧精镗型芯、型腔安装孔，最后在型腔固定板 11 上压装已装有型芯 4 的型腔 3，并配磨浇道，在定模板 5 上压装型芯 7。

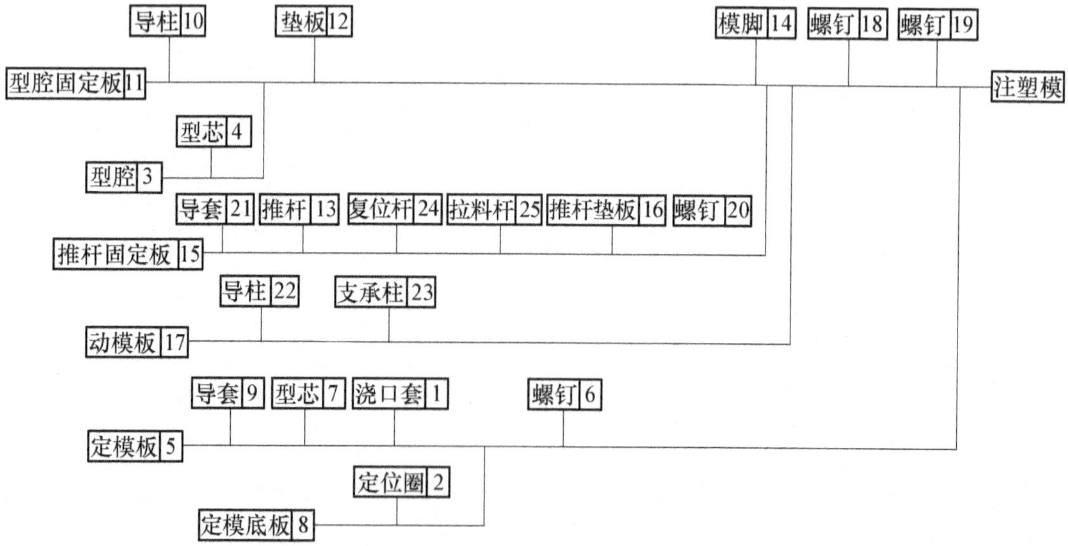

图 3－23　塑料模具装配系统

（3）动模板 17 中心线对型腔固定板 11 找正后夹紧，配钻螺钉孔预孔，配钻、铰销钉孔，拆开后在型腔固定板 11 上攻螺纹，在动模板 17 上钻、镗（或铰）导柱 22、支承柱 23。

（4）装配推杆固定板组件。具体方法见前面组件装配中的叙述。

（5）在型腔固定板组件上安装垫板 12、推杆固定板组件、模脚 14 和动模板组件，以螺钉 18 定位，用螺钉 19 连接。

（6）在定模板 5 上压装浇口套 1，将定模底板 8 通过浇口套 1 定位与定模板 5 组装后用螺钉连接，然后安装定位圈。

（7）以导柱 10、导套 9 定位和导向。定模部件与动模部件合模，即完成注塑模的装配。接下来的工作是将模具安装在注射机上试模，根据对塑件的检验，对注塑模尚不完善的地方进行修磨，然后再试模，再修磨，直至完全合格为止。

模具拆装安全操作规程

（1）模具搬运时，注意上下模（或动定模）在合模时一手扶上模、另一手托下模搬运，注意轻放、稳放。

（2）进行模具拆装工作前必须检查工具是否正常，并按《手用工具安全操作规程》操作，注意正确使用工量具。

（3）拆装模具时，首先应了解模具的工作性能、基本结构及各部分的重要性，按次序拆装。

（4）使用铜棒、撬棒拆卸模具时，姿势要正确，用力要适当。

（5）使用螺丝刀时：

①螺丝刀口不能太薄或太窄，以免紧螺丝时滑出。

②不能用手拿着零部件用螺丝刀松紧螺丝。

③螺丝刀不能当凿子使用。

④普通螺丝刀不能用手锤、铜棒敲击。

（6）使用扳手时：

①必须与螺母规格相符，否则会打滑发生意外。

②使用扳手时，用力不能过猛，注意可能碰到的障碍物，以免碰伤手部。

（7）拆下的零部件应尽量放在一起，注意放稳放好，工作地点应经常保持清洁，通道不能堆放零部件或工具。

（8）拆卸模具的弹性零件时，要防止零件弹出伤人。

（9）传递物件要小心，不能随意投掷，以免伤及他人。

（10）不能用拆装工具玩耍、打闹，以免伤人。

参考文献

[1] 李学锋. 模具设计与制造实训教程 [M]. 北京：化学工业出版社，2005.

[2]《塑料模设计手册》编写组. 塑料模设计手册 [M]. 北京：机械工业出版社，1982.

[3] 冯秉尧，韩泰荣. 模具设计与制造简明手册 [M]. 3 版. 上海：上海科学技术出版社，2008.